U0102226

深入浅出Oracle之
Form开发

黄建华　曹良峰　蔡兴云　编著

电子工业出版社
Publishing House of Electronics Industry
北京·BEIJING

内容简介

Oracle EBS（E-Business Suite）是甲骨文公司的一套大型 ERP 应用产品。在这套产品中，大量的功能实现是基于 Oracle 的 Form 表单，可以说 EBS 系统开发最基础、最重要的就是 Form 开发。Form 是 Oracle EBS 系统搭载在 Java 插件上可实现对数据库插入、查询、删除、更新等操作的交互式界面。开发者可以利用 Oracle 开发套件提供的 Forms Builder 开发工具进行 Form 的开发或者修改。为了更好地引导、帮助读者理解学习 Form 开发，作者精心创作了这本书。本书以循序渐进的方式对 Form 开发涉及的内容进行组织，对知识进行最小化分割，为读者提供了由浅入深的学习思路。在深入本质的层面上对 Form 开发以及 EBS 架构进行讲解，对开发中涉及的关键环节进行深入剖析，同时包含了大量的实例供读者学习参考。

本书结构清晰，实例丰富，实践性强，既适用于 Oracle ERP 零基础或希望系统学习 Oracle Form 的开发人员、Oracle EBS 开发人员、Oracle DBA 等相关数据库从业人员，也可作为各大、中专院校相关专业师生的参考用书和相关培训机构的培训教材。

未经许可，不得以任何方式复制或抄袭本书之部分或全部内容。

版权所有，侵权必究。

图书在版编目（CIP）数据

深入浅出 Oracle 之 Form 开发 / 黄建华，曹良峰，蔡兴云编著. —北京：电子工业出版社，2017.3

ISBN 978-7-121-30822-2

Ⅰ. ①深… Ⅱ. ①黄… ②曹… ③蔡… Ⅲ. ①关系数据库系统 Ⅳ. ①TP311.133

中国版本图书馆 CIP 数据核字（2017）第 014436 号

策划编辑：安　娜
责任编辑：徐津平
特约编辑：赵树刚
印　　刷：三河市良远印务有限公司
装　　订：三河市良远印务有限公司
出版发行：电子工业出版社
　　　　　北京市海淀区万寿路 173 信箱　　　邮编：100036
开　　本：787×980　1/16　印张：19　　　字数：330 千字
版　　次：2017 年 3 月第 1 版
印　　次：2017 年 3 月第 1 次印刷
定　　价：59.00 元

凡所购买电子工业出版社图书有缺损问题，请向购买书店调换。若书店售缺，请与本社发行部联系，联系及邮购电话：（010）88254888，88258888。

质量投诉请发邮件至 zlts@phei.com.cn，盗版侵权举报请发邮件至 dbqq@phei.com.cn。

本书咨询联系方式：010-51260888-819，faq@phei.com.cn。

前 言

EBS 12.X.X 系统架构主要分为三层：桌面层、应用层和数据库层，Form 属于应用层。我们设计 Form、编写相应的代码部署在系统应用服务器，当在 EBS 中运行 Form 文件时会将其转化为 Java Applet，并在 Jinitiator 这个 JVM 中运行。

想深入理解并开发 Form 需分三步走。首先，你必须理解 Oracle EBS 的基础系统架构以及 Form 在 EBS 系统中的运行、工作原理；其次，你需要逐步熟悉并且实现 Form 基础功能开发、复杂功能实现、特殊功能开发、个性化实现等；最后，当你掌握上述这些独立的功能之后，还必须学会如何将这些独立的功能组合到一起，构建实现更加复杂的 Form 开发。我希望这本书能够帮助大家学习如何有效并且高效地开发 Form。

本书目的

本书涵盖了大量 Form 知识点和开发实例，使读者有迹可循，能够从基础架构的认知、基础功能的实现到复杂功能的深入理解、特殊功能的开发和个性化实现等方面逐步理解和深入学习 EBS 系统以及实现 Form 的客户化开发。

本书结构

本书共分为 14 章，每章都包含多个知识点和可用于开发的实例。本书对 Form 中的主要知识点及开发流程进行了详细讲解，并且对 Form 开发中的关键环节进行了深度剖析，为读者提供了一条清晰完整的学习路线，如下表所示。

第 1 章	开发背景与基础	第 8 章	说明性弹性域、键弹性域、键弹性域查询
第 2 章	基于 EBS 的 Form 开发	第 9 章	Folder、JTF Grid 开发
第 3 章	触发器、变量、参数、内部子程序	第 10 章	多语言开发
第 4 章	List、LOV、字段和记录控制、日历	第 11 章	附件开发
第 5 章	行指示符、主从块、滚动条、Stacked&Tab 画布、多行文本	第 12 章	JavaBean
第 6 章	LOV 查询、块查询、Button	第 13 章	Form 个性化
第 7 章	触发器层次关系、常用触发器编写规范	第 14 章	Form 开发规范（建议）及常用代码参考

本书特点

- 国内第一本讲解 Oracle Form 开发的中文书籍。
- 细致地讲解了 EBS 系统概要、Form 基础进阶知识、开发实例，给读者提供全面的储备知识和完整的学习路线。
- 适合初学者系统地学习 Form 开发，同时也适合从事与 Form 开发相关的专业人士进行深入学习和拓展。

读者定位

- 从事或者即将从事 Oracle EBS 的开发人员。
- 从事或者即将从事 Oracle DBA 的开发人员。
- 对 Oracle 有强烈兴趣的学习者。

致谢

本书是以上海汉得信息技术股份有限公司副总裁黄建华老师的"深入浅出 Oracle

之 Form 开发"文档为基础，根据作者多年一线实战经验总结梳理而来的。在对书籍的校对过程中得到了上海汉得信息技术股份有限公司 Oracle 技术中心总经理曹良峰老师的指导，以及很多汉得牛人们的指导和建议，在此一并表示感谢。由于作者水平有限，书中疏漏之处在所难免，还望各位读者朋友批评指正。

2016 年 9 月

目　录

第 1 部分　开发基础知识

Chapter 01
开发背景与基础 1

1.1　读者基础要求 2
1.2　认识 EBS 架构 2
　1.2.1　R12.X.X 版本架构 2
　1.2.2　桌面层 3
　1.2.3　应用层 4
　1.2.4　数据库层 4
1.3　用户和常用工具 5
　1.3.1　区分三类用户 5
　1.3.2　Form 开发使用的用户和工具 5
1.4　AOL 开发框架 6
　1.4.1　导航菜单 6
　1.4.2　EBS 功能安全性基本原理 7
　1.4.3　Form 开发模板文件 Template.fmb 7
　1.4.4　EBS 文件系统 8
1.5　多组织支持 11
1.6　主要示例 12
　1.6.1　销售订单 12
　1.6.2　开发需求分析 12
　1.6.3　其他说明 13

第 2 部分　Form 开发基础

Chapter 02
基于 EBS 的 Form 开发 14

2.1　Form 文件类型 15
2.2　开发工具 Forms Builder 安装 15
　　2.2.1　开发工具版本 15
　　2.2.2　Oracle Home 16
　　2.2.3　基本安装过程 16
　　2.2.4　配置 TNSNAME 20
　　2.2.5　配置 FORMS_PATH 20
　　2.2.6　配置 NLS_LANG 21
2.3　下载 Template 相关文件 22
　　2.3.1　下载 Template 模板 22
　　2.3.2　启动 Forms Builder 开发工具 22
　　2.3.3　打开 TEMPLATE.fmb 及报错分析 23
　　2.3.4　下载必要的文件到 FORMS_PATH 对应目录 24
2.4　开发工具 Forms Builder 25
　　2.4.1　快速认识 Forms Builder 环境 25
　　2.4.2　进入 Form 设计界面 26
　　2.4.3　对象导航器 27
　　2.4.4　布局编辑器 30
　　2.4.5　属性选项板 31
　　2.4.6　Form 中常用对象介绍 32
　　2.4.7　其他 Form 设计工具 35
2.5　案例：创建数据库对象 36
　　2.5.1　创建数据量对象 36
　　2.5.2　注册表和字段 40
　　2.5.3　创建用户开发 Form 使用的视图 42
　　2.5.4　创建表操作 API 44
2.6　案例：从模板开始设计 45
　　2.6.1　复制 TEMPLATE.fmb 45

2.6.2　删除多余对象 45

2.6.3　修改 Windows 名称 46

2.6.4　修改 2 个触发器、1 个程序单元 46

2.6.5　创建 Block 数据块 47

2.6.6　设置 Block 属性及其 Subclass 49

2.6.7　设置 Item 属性及其 Subclass 49

2.6.8　创建 Canvas 画布 51

2.6.9　设置画布属性和子类、调整布局 53

2.6.10　调整布局 55

2.6.11　调整 Prompt 提示 55

2.6.12　设置 Window 属性 56

2.6.13　设置 Form 属性 56

2.7　案例：编写数据库操作触发器 57

2.7.1　编写数据库操作 Program Unit 57

2.7.2　编写数据库块 ON-触发器 64

2.8　案例：上传和编译 65

2.9　案例：在 EBS 中注册运行 67

2.9.1　登录 EBS 67

2.9.2　注册 Form 67

2.9.3　定义 Function 67

2.9.4　加入 Menu 68

2.9.5　运行 Form 69

Chapter 03
触发器、变量、参数、内部子程序 70

3.1　触发器 71

3.1.1　触发器的定义 71

3.1.2　触发器的类型 71

3.1.3　触发器中的代码 71

3.1.4　触发器的作用范围 72

3.1.5　触发器事件 72

3.1.6　常用触发器 73

3.2 变量 75

3.2.1 Form 变量 75

3.2.2 PL/SQL 变量 76

3.2.3 Form 系统变量 76

3.3 参数 77

3.3.1 Parameter 参数 77

3.3.2 创建 Parameter 参数 78

3.3.3 初始化 Parameter 参数 78

3.3.4 使用 Parameter 参数 78

3.4 内部子程序 79

3.4.1 内部子程序的定义 79

3.4.2 使用内部子程序 80

3.4.3 常用内部子程序 81

Chapter 04
List、LOV、字段和记录控制、日历 82

4.1 案例：List 值列表 83

4.1.1 关于 List 83

4.1.2 创建 List 83

4.1.3 删除 List 条目 85

4.1.4 运行实例 85

4.1.5 列表风格 List Style 85

4.2 案例：LOV 窗口式值列表 86

4.2.1 关于 LOV 86

4.2.2 创建 LOV 87

4.2.3 改进 LOV 91

4.2.4 完善实例 92

4.2.5 运行实例 93

4.2.6 常用 LOV 属性设置 93

4.3 案例：字段和记录控制 95

4.3.1 关于字段属性 95

4.3.2 设置字段属性 101

4.3.3 字段控制 102

4.3.4 记录控制 102

4.3.5 运行实例 103

4.4 案例：日历 104

4.4.1 日历控件 104

4.4.2 运行实例 104

4.5 总结 105

Chapter 05

行指示符、主从块、滚动条、Stacked&Tab 画布、多行文本............106

5.1 案例：销售订单行 107

5.1.1 创建数据库对象 107

5.1.2 创建数据库块 ORDER_LINES 107

5.1.3 增加行指示 Item 107

5.1.4 设置 Item 属性及其 Subclass 108

5.1.5 创建 Canvas 画布 108

5.1.6 调整布局、Prompt 提示 109

5.1.7 设置头行块互为前后导航块 110

5.1.8 创建 LOV 110

5.1.9 创建行块增/删/改 ON-触发器 111

5.1.10 运行实例 112

5.2 案例：Master-Detial 主从块 112

5.2.1 关于主从块 112

5.2.2 创建主从关系 113

5.2.3 关于删除记录行为的说明 114

5.2.4 运行实例 115

5.3 案例：滚动条 115

5.3.1 关于滚动条 115

5.3.2 设置滚动条 116

5.3.3 运行实例 116

5.4 案例：Stacked（堆叠）画布 117

5.4.1 创建堆叠画布 117

　　　5.4.2　设置 Item 到新建的堆叠画布 118

　　　5.4.3　调整堆叠画布 119

　　　5.4.4　调整堆叠画布在主画布上的位置 120

　　　5.4.5　运行实例 122

　　5.5　画布小结 123

　　　5.5.1　子类与画布 123

　　　5.5.2　从 UI 角度看对象关系 124

　　5.6　案例：Tab 画布 125

　　　5.6.1　创建 Tab 画布和标签页 125

　　　5.6.2　设置 Item 到标签页并调整布局 125

　　　5.6.3　调整主画布布局 126

　　　5.6.4　运行实例 128

　　5.7　案例：控制 Tab 画布 128

　　　5.7.1　控制思路 128

　　　5.7.2　控制代码 129

　　　5.7.3　运行实例 131

　　5.8　案例：多行文本框 132

　　　5.8.1　关于多行文本框 132

　　　5.8.2　运行实例 132

第 3 部分　Form 开发进阶

Chapter 06
LOV 查询、块查询、Button 133

　　6.1　查询原理 134

　　　6.1.1　【F11】查询原理 134

　　　6.1.2　理解其他查询 134

　　6.2　案例：LOV 查询 135

　　　6.2.1　什么是 LOV 查询 135

　　　6.2.2　创建 LOV 查询 135

　　　6.2.3　运行实例 136

　　6.3　案例：块查询 137

　　　6.3.1　什么是块查询 137

6.3.2 复制标准查询块 137

6.3.3 修改标准查询块 138

6.3.4 创建查询条件 Item 139

6.3.5 修改块触发器 139

6.3.6 修改目标 Item 查询长度 140

6.3.7 对于几个内置查询子程序的说明 140

6.3.8 运行实例 141

6.4 案例：Button 141

Chapter 07

触发器层次关系、常用触发器编写规范 143

7.1 理解层次关系 144

7.1.1 说明 144

7.1.2 WHEN-VALIDATE-ITEM 例子 144

7.2 触发器原理 145

7.2.1 触发器堆栈 145

7.2.2 常用触发器及其执行顺序 146

7.3 基于 EBS 模板开发的触发器 146

7.4 对触发器的一些理解 148

7.4.1 On-Lock 148

7.4.2 Pre-Form 和 When-New-Form-Instance 148

7.4.3 Post-Query 和 When-New-Record-Instance 149

7.4.4 When-Validate-Item 和 When-Validate-Record 149

Chapter 08

说明性弹性域、键弹性域、键弹性域查询 150

8.1 说明性弹性域开发 151

8.1.1 关于说明性弹性域 151

8.1.2 基表要求：基表中需含有 1 个结构字段和若干个自定义字段 151

8.1.3 注册要求：注册表和字段到 EBS 中 152

8.1.4 字段要求：一个非数据库项 156

8.1.5 触发器要求：Form 级 157

8.1.6 触发器要求：块级 157

8.1.7　触发器要求：Item 级 157

8.1.8　启用弹性域 158

8.1.9　运行实例 159

8.2　键弹性域开发 159

8.2.1　关于键弹性域 159

8.2.2　基表要求：基表中需含有 1 个 ID 字段 160

8.2.3　字段要求：一个键代码组合字段+一个可选的键描述组合字段 160

8.2.4　触发器要求：Form 级 161

8.2.5　触发器要求：块级 162

8.2.6　触发器要求：Item 级 162

8.2.7　运行实例 163

8.2.8　开发客户化键弹性域 163

第 4 部分　Folder 和 JTF Grid

Chapter 09
Folder、JTF Grid 开发

Folder、JTF Grid 开发 164

9.1　Folder 开发步骤（从头开始）...165

9.1.1　什么是 Folder 165

9.1.2　创建数据库对象 165

9.1.3　复制 TEMPLATE.fmb 开发 Form 167

9.1.4　复制标准 Folder 对象 167

9.1.5　引用 Folder 的 PLL 库 167

9.1.6　创建 Folder 块 168

9.1.7　修改 Folder 块 169

9.1.8　创建 Prompt 块 170

9.1.9　修改 Prompt 块和 Folder 块 171

9.1.10　Folder 自动布局原理 172

9.1.11　创建堆叠画布、内容画布、窗口 172

9.1.12　布局 Item 到画布 173

9.1.13　调整画布布局及位置 174

9.1.14　追加 Form 级触发器 175

9.1.15 设置 Form 第一导航块 177

9.1.16 运行实例 177

9.1.17 高级 Folder 功能 178

9.2 Folder 开发步骤（基于模板）..178

9.2.1 基于模板新建 Form 178

9.2.2 创建数据块 178

9.2.3 创建标题块 179

9.2.4 修改数据块 179

9.2.5 修改标题块 179

9.2.6 修改触发器 179

9.3 JTF Grid 开发步骤 180

9.3.1 关于 JTF Grid 180

9.3.2 复制 TEMPLATE.fmb 开发 Form 180

9.3.3 复制标准 JTF Grid 对象 180

9.3.4 引用 JTF Grid 的 PLL 库 181

9.3.5 创建数据库对象 181

9.3.6 定义 CRM 电子表格 182

9.3.7 创建 Grid 块 183

9.3.8 修改 Grid 块 183

9.3.9 布局 Item 到画布 183

9.3.10 追加 Form 级触发器 184

9.3.11 编写 Find Button 触发器 184

9.3.12 处理选择事件 185

9.3.13 运行实例 186

第 5 部分　多语言开发和附件开发

Chapter 10

多语言开发 187

10.1 国际化支持 188

10.2 Form 自身的多语言版本 188

10.3 数据多语言开发步骤 189

10.3.1　数据库对象的要求：基表 B 189

10.3.2　数据库对象的要求：多语言表 TL 190

10.3.3　数据库对象的要求：视图 VL 190

10.3.4　数据库对象的要求：表操作 API 191

10.3.5　Form 对象的要求：2 个 Form 级触发器 193

10.3.6　Form 对象的要求：5 个 Block 级触发器 193

10.3.7　Form 对象的要求：多语言字段在画布的显示 194

10.4　EBS 启用新语言时的考虑 195

10.4.1　EBS 启用新语言的过程 195

10.4.2　Maintain Multi-lingual Tables 核心过程 195

10.4.3　如何客户化 196

Chapter 11

附件开发 197

11.1　关于附件 198

11.2　标准附件设置 198

11.2.1　表及其关系 198

11.2.2　定义 Entity 实体 198

11.2.3　定义 Categories 类别 199

11.2.4　定义 Attachement Function 200

11.2.5　定义 Function 和 Category 关联 201

11.2.6　定义启用附件的 Block 202

11.2.7　定义 Block-Entity 关系 203

11.2.8　定义关键字 204

11.2.9　使用过程 205

第 6 部分　JavaBean

Chapter 12

JavaBean 206

12.1　Form 与 Java 207

12.1.1　Form 就是 Java 207

12.1.2　关于 Implementation Class 207

12.1.3　Form 中的 Java 类规范 208

12.1.4　Form 与 Java 类的交互 208

12.1.5　Form 中使用自定义 JavaBean 209

12.2　案例：Hello World 210

12.2.1　功能 210

12.2.2　按规范编写 Java 类：BeanTemplate.java 210

12.2.3　编译：BeanTemplate.class 212

12.2.4　制作 JAR 认证文件 213

12.2.5　打包 JAR 214

12.2.6　认证 JAR 214

12.2.7　服务器配置 JavaBean 程序 214

12.2.8　Form 中使用 BeanTemplate 215

12.3　案例：CSV 通用导入 217

12.3.1　功能 217

12.3.2　设计思路 217

12.3.3　表设计 217

12.3.4　设置 Form 219

12.3.5　导入 Form 219

12.3.6　通用导入安装 221

12.3.7　具体开发使用 221

第 7 部分　个性化

Chapter 13
Form 个性化 223

13.1　Form 个性化概述 224

13.1.1　个性化与客户化 224

13.1.2　个性化原理 225

13.2　案例：修改字段 Prompt 225

13.2.1　打开欲个性化的 Form，调出个性化定义界面 225

13.2.2　输入个性化条件、个性化内容 226

13.3　案例：有条件显示消息 227

　　13.3.1　打开欲个性化的 Form，调出个性化定义界面 227

　　13.3.2　输入个性化条件 227

　　13.3.3　输入个性化 Action 228

13.4　案例：调用数据库 Package 228

　　13.4.1　条件中调用 Package 228

　　13.4.2　Action 中调用 Package 228

13.5　案例：添加菜单 229

　　13.5.1　打开欲个性化的 Form，调出个性化定义界面 229

　　13.5.2　输入个性化 Action 229

13.6　案例：打开功能 230

　　13.6.1　打开欲个性化的 Form，调出个性化定义界面 230

　　13.6.2　输入个性化条件 230

　　13.6.3　输入个性化 Action 231

13.7　案例：执行查询 231

　　13.7.1　打开欲个性化的 Form，调出个性化定义界面 231

　　13.7.2　输入个性化条件 232

　　13.7.3　输入个性化 Action 232

13.8　案例：其他应用 233

13.9　CUSTOM.PLL 实现个性化 233

　　13.9.1　建议使用的方法 233

　　13.9.2　编译脚本 234

　　13.9.3　CUSTOM 中的 Function 和 Procedure 简介 234

13.10　个性化迁移 237

第 8 部分　Form 开发规范及常用代码参考

Chapter 14

Form 开发规范（建议）及常用代码参考 238

14.1　命名规约 239

　　14.1.1　文件命名规约 239

14.1.2 Form 对象命名规约 239

14.2 Form 按钮常用快捷键 242

14.3 Form 程序单元命名规则 243

14.4 编程规范及常用代码 244

14.4.1 布局规范 244

14.4.2 Form 各对象的布局要求 245

14.4.3 子类属性 246

14.4.4 触发器编程规范 248

14.4.5 WHO 字段的维护 253

14.4.6 基于视图块的数据更新 253

14.4.7 动态控制 Item 属性 258

14.4.8 消息的输出 259

14.4.9 日历的使用 259

14.4.10 菜单和工具条的使用 260

14.4.11 Window 的打开 265

14.4.12 Window 的关闭 266

14.4.13 Window 的标题设定 266

14.4.14 异常处理 266

14.4.15 Form 中的变量 267

14.4.16 Item 的初始值属性 267

14.4.17 库存组织访问 267

14.4.18 树形 Form 开发 268

14.4.19 其他注意事项 269

附录 273

CHAPTER

01

开发背景与基础

1.1　读者基础要求

（1）EBS 的使用经验，尤其是 Form 的使用经验。

（2）创建客户化应用，参考 Oracle Applications Developer's Guide 文档中的 Setting Up Your Application Framework 章节。

（3）熟悉 PL/SQL。

（4）熟悉 Telnet 和 FTP 工具，熟悉 Windows 常规操作。

（5）理解或开发过数据库应用系统。

（6）有 Form 开发经验则更佳。

1.2　认识 EBS 架构

1.2.1　R12.X.X 版本架构

EBS R12.1.X 版本架构如下图所示。

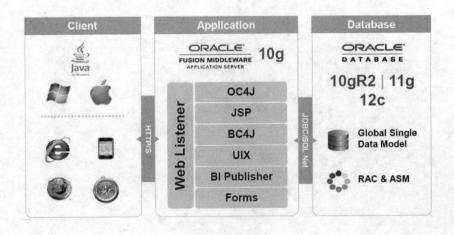

EBS R12.2.X 版本架构如下图所示。

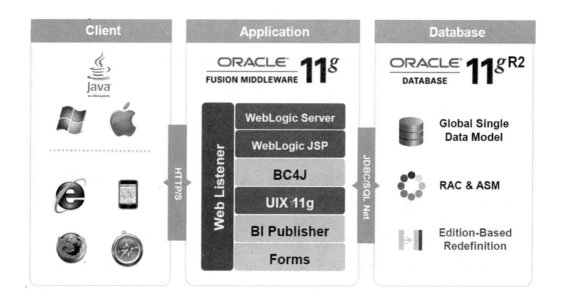

R12.2 版本相比 R12.1 版本最大的改变是在应用层使用 WebLogic，本文不做深入对比研究。

1.2.2 桌面层

Form Client Applet 运行在客户端的一个 Java 虚拟机上面，Sun J2SE Plug-in 组件允许 Web 客户端使用 Oracle JVM，而不使用浏览器自己的 JVM。

JVM（Sun J2SE Plug-in）只有在用户访问 Form 类型的功能时才会被调用，基于 HTML 的应用不需要调用 JVM，如果 JVM 没有被安装，则 Web 浏览器会提示用户下载并安装它。

Form Client Applet 所使用的 JAR 文件在第一次会话请求时从 Web 服务器下载，并在客户端缓存 JAR 文件，以备将来的会话（Session）使用，减少了网络流量。

在 R12.2 版本中，JAR 文件的缓存目录的格式为：

```
"<HOMEDRIVE>\Documents and Settings\<Windows User Name>\Applications
Data\Sun\Java\Deployment\cache"
```

例如：

```
"C:\Documents and Settings\Arone\Applications Data\Sun\Java\Deployment\
cache"
```

1.2.3　应用层

应用层有两个角色：承载各种服务以处理业务逻辑；负责管理客户端和数据库层之间的通信。应用层很多时候被称作中间层。

Oracle Applications 包括 Web Services、Forms Services、Java Application Services、Concurrent Processing Server，本文不做过多讲解，读者可以参考 Oracle 官方文档进行学习。

1.2.4　数据库层

数据库层包括了维护 Oracle Application 数据的数据库服务器，数据库也存储了 Oracle Application 的在线帮助信息。更进一步说，数据库层包括了 Oracle 数据库服务器文件和 Oracle Application 数据库对象——表、索引和其他数据库对象，包含三个 ORACLE_HOME，如下图所示。

（1）Oracle Database 11g RDBMS ORACLE_HOME。

（2）Oracle AS（Application Server）10.1.2 ORACLE_HOME。

（3）Oracle Fusion Middleware（FMW）ORACLE_HOME。

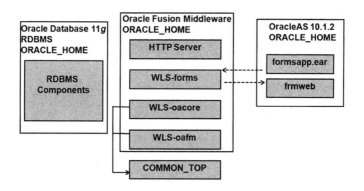

1.3　用户和常用工具

1.3.1　区分三类用户

（1）OS 用户：包括超级用户 root；应用 OS 用户，如 applprod；数据库 OS 用户，如 oraprod。后面两个用户具体由 DBA 安装环境时创建，名字不定。

（2）数据库用户：包括内置管理用户 sys、system；EBS 用户 apps；EBS 各模块用户 applsys、gl、inv、po、ar、ap 等；EBS 网关用户 applsyspub。

（3）EBS 用户：又称 OA 用户、应用用户、ERP 用户，包括默认的超级用户 sysadmin；其他内置用户；企业实施、使用过程中创建的用户。

1.3.2　Form 开发使用的用户和工具

Form 开发过程中需要具体使用如下 3 个用户。

（1）应用 OS 用户：用 Telnet 工具（如 SecureCRT）登录服务器，获得各$XXX_TOP 的具体路径、编译 Form 和 pll；用 FTP 工具（如 CuteFTP）连接服务器，下载必要的文件、上传开发的 Form。

（2）APPS：用 PL/SQL Developer 登录数据库，创建各类数据库对象。

（3）sysadmin 或者拥有应用开发员和系统管理员职责的等价用户：注册 Form 等各 AOL 对象、测试 Form。

1.4 AOL 开发框架

1.4.1 导航菜单

Form 自身的菜单和传统菜单一样，如下图所示。

然而，EBS 中基本摒弃 Form 自身的菜单功能，而是专门开发了一个 Navigator 界面，采用树形结构显示菜单，每个菜单项对应一个 Form，如下图所示。

这里的菜单是可随意组织的，因此非常灵活，不像传统菜单那么固定——用代码控制。实际上，该方式完成了 EBS 最主要的安全性控制——功能安全性。

1.4.2　EBS 功能安全性基本原理

此处仅说明 Form 部分。

安全性最终都要落实到"用户"身上，即某一用户是否具有某一权限；功能安全性的核心就是某一用户是否具有运行某个 Form 的权限。为了方便管理、分类维护，EBS 在"用户"和"Form"之间加了几个层次。考察如下过程：

（1）用户（如 sysadmin）登录，系统验证其用户名/密码。

（2）系统列出其拥有的所有角色，在 EBS 中称为"职责"（Responsibility），而每个职责都对应一个定义好的"菜单"。

（3）用户选择相应的职责进入"Navigator"后，显示的就是此菜单的内容。

（4）每个底层菜单项，还不是直接对应 Form，而是先对应一个"功能"（Function），由功能再去对应一个具体的 Form。这里的好处是，在功能上可以定义参数（如查询条件、控制码等），然后传递给 Form，当然大部分情况是不定义参数，所以功能和 Form 基本上是一一对应的。

（5）单击菜单项，到定义 Form 时指定应用的 TOP 下，找到"fmx 文件"并执行。

所以，反过来，如果我们开发好一个 Form，要在 EBS 中运行，完整的过程就是为该 Form 定义"功能"，定义"菜单"调用该功能，定义"职责"使用该菜单，最后把职责分配给"用户"等一系列无 Coding 的定义工作。

1.4.3　Form 开发模板文件 Template.fmb

专业的软件系统，其操作方式、界面风格总是非常统一，即便是后来收购集成的模块，经过调整优化后，风格也基本一致。常用如下两种方法实现：一是依赖于规范文档，开发者依照标准开发；二是采用更加直接有效的办法统一开发模板。

Oracle EBS 的 Form，基本上都是从 Template.fmb 开始，该模板预先定义了：

（1）各种界面元素的属性集——子类。

（2）常用的控件——日历、进度条。

（3）一系列 Form 级触发器，统一处理各种未被明确处理的事件。

（4）丰富的 PLL 库函数，大大超越了 Forms Builder 内置的函数。

所以，基于 EBS 的开发，也是从 Template.fmb 开始的。

1.4.4　EBS 文件系统

EBS 文件系统，指其以怎样的目录结构组织各种可执行文件、命令文件、配置文件，下文均以 R12.2.X 版本进行说明，各个版本的文件系统结构有所不同，此处不做对比介绍。

从整个 EBS 的角度看，分 DB 和 APP 两部分，数据库和应用包括如下主要目录。

（1）db/apps_st/data 目录（DATA_TOP）：位于数据库服务器，它包括系统表空间、redo.log 文件、数据表空间、索引表空间和数据库文件。

（2）db/tech_st/11.2.0 目录：位于数据库服务器，包括 Oracle 11g 数据库的 ORACLE_HOME。

（3）Inst_top 目录：所有与 Instance 相关的配置文件、日志文件均放在 Inst_top 目录中，如下图所示。

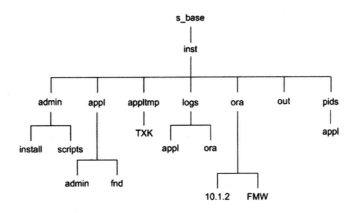

（4）Fusion Middleware Home 目录：这是 R12.2 版本系统新引进的 FMW，位于 Inst 和 EBSapps 同级的路径下，如下图所示。

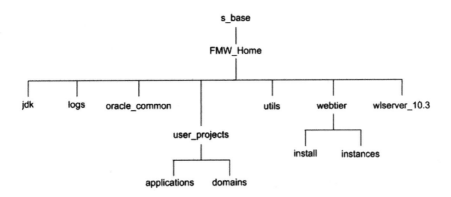

（5）EBSapps 目录：包括应用产品文件、公用文件、HTML 网页和 10.1.2 $ORACLE_ HOME，如下图所示。

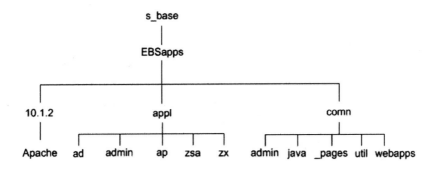

　　其中, comn 目录(对应环境变量$COMMON_TOP)存放服务启停脚本和基于 HTML 的应用文件（Java 类、JSP 页等），如下图所示。

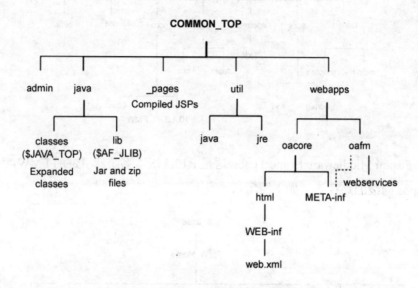

　　appl 目录（对应环境变量$APPL_TOP）则存放配置文件、各种管理脚本、各模块应用代码，如下图所示。

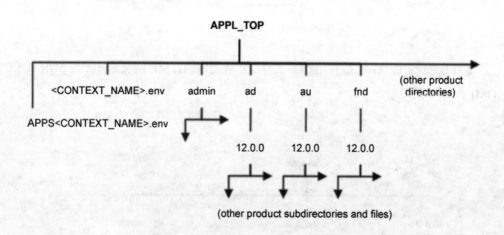

　　appl 目录下的各个应用模块如下图所示。

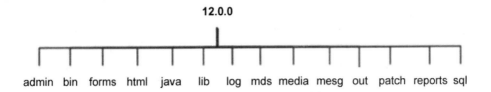

AU 模块存放 fmb、pll、plx 文件，各应用模块存放 fmx 文件，具体如下表所示。

文件路径	存放对象
$AU_TOP/resource	pll 文件、plx 文件
$AU_TOP/forms/US	英文 fmb 文件
$AU_TOP/forms/<语言代码>	特定语种（如 ZHS）的 fmb 文件
$<应用简称>_TOP/forms/US	各模块英文 fmx 文件录
$<应用简称>_TOP/forms/<语言代码>	特定语种（如 ZHS）的 fmb 文件

表中"<应用简称>"（如 INV、GL、AP、AR 等）在 System Administrator 职责下的 Application/Register 中定义。

通常各个企业都会创建一个客户化应用来管理二次开发的所有代码和设置，比如 CUX、HAND 等，下面以 CUX 为例。

我们需要的模板及相关文件保存在 AU_TOP 下；我们开发的 fmb 文件应根据上述规则保存到 $AU_TOP/forms 相关语言路径下，但是为管理、备份方便，实际开发中可能故意违反 EBS 的规则，与 fmx 一起保存到$CUX_TOP/forms 相关语言路径下。

详情可参考 Oracle 的《Oracle Applications Concepts》。

1.5　多组织支持

Oracle 的多组织数据屏蔽设计要点如下表所示。

屏蔽层级	说　　明
核心层次	业务组 BG→账套 SOB→法人实体 LE→经营单位 OU→库存组织 INV，这些层次统称为组织，可通过视图 org_organization_definitions 查看关系
数据级别	表中设计由组织 ID 进行屏蔽；不同模块因为针对的层次不同，其组织 ID 的含义也不同，比如 HR 的表用 Business_Group_Id，GL 的表用 Set_Of_Book_Id，AR/AP/PO/OM 等表用经营单位 Org_Id，INV、MRP、WIP、BOM 等模块用库存组织 Organization_Id
程序级别	用户登录，选择职责后，其所能操作的业务组、账套、法人实体、经营单位就确定了，这是通过相关的 Profile 进行设置的；当进入制造和库存相关的模块时，需要通过 Change Organization 菜单获得可操作的库存组织。Oracle 标准的 Package、Form、Java 等程序，都是严格根据当前用户的参数来过滤各模块表数据的

1.6　主要示例

本文主要围绕开发销售订单来介绍 Form 开发过程中涉及的关键技术点。

1.6.1　销售订单

销售订单最核心的内容为：某客户，在某天，以何价格，购买多少数量的哪些商品。

一张销售订单，客户是一定的，销售员可能有多个，这里假定只记录主销售员，所以这两个信息构成销售订单的"头信息"；一次订单，客户通常会同时购买多种商品，并且未必是同一天要货，这样需求日期、商品、数量、价格构成销售订单的"行信息"。

1.6.2　开发需求分析

销售订单还需要记录其他重要的内容，可直接参照 EBS 的"Sales Order"，为学习方便，这里仅加入如下不完整、不严谨的信息。

- 头信息：订单编号、订单日期、内销还是外销、所采用的价目表、总价、币别、订单状态；非"录入"的不能删除，"部分履行"或"完全履行"的不能修改。

- 订单状态：录入、确定、部分履行、完全履行。

- 行信息：发货日期、收款日期；如果已发货，商品和数量不能修改，记录不能删除；如果已收款，整条记录都不能修改、不能删除。

- 全部行都已发货、已收款则订单状态为"完全履行"；部分发货或部分收款，则订单状态为"部分履行"。

- 订单查询：需要提供按订单号、订单日期、客户、销售员、销售类型、商品、是否发货、是否收款等条件进行组合查询，查询表现方式分为 Folder 形式和 Grid 形式。

1.6.3　其他说明

本书使用"CUX"客户化应用做开发，数据库对象使用"CUX"前缀。

CHAPTER

02

基于 EBS 的 Form 开发

2.1　Form 文件类型

EBS 中 Form 文件类型如下表所示。

文件类型	文件说明
.fmb	源文件，目前是二进制格式，也可以转换成早期版本的 ASCII 格式
.fmx	可执行文件，类似 Visual Basic 的.exe 文件，其也需要在 Forms Runtime 环境中运行
.pll	库函数源文件，类似所有开发语言的库函数，如 Visual C++的.cpp 文件
.plx	库函数可执行文件

调用关系：fmb 文件可以引用其他 fmb 文件、pll 文件，pll 文件可以进一步引用其他 pll 文件，引用是可以嵌套的。所以要成功打开一个 Form 源文件，必须保证其直接引用、间接引用的 fmb、pll 文件均存在。

对于"存在"的定义类似其他编程语言，如 C 的 Include Path 或 Java 的 Class Path，Forms 也有一个参数——注册表 FORMS_PATH 来指示引用的路径，只要需要的文件在该路径下即可。

2.2　开发工具 Forms Builder 安装

2.2.1　开发工具版本

Oracle 的 Developer 工具已经升级到 10g，开发工具可以从 http://edelivery.oracle.com/EPD/Search/get_form 网站下载，其包含在 EBS for Windows 版本的下载列表中。

2.2.2　Oracle Home

Oracle Home：Oracle 产品的根目录及其名称。不同产品可以安装到不同的目录，拥有各自的 Oracle Home。通过安装目录下的 bin\oracle.key 来指示使用哪个注册表项。

Default Home：指所有 Oracle Home 中，哪个是 Default，其名称未必叫 Default。

2.2.3　基本安装过程

（1）运行 Setup（Developer10G\ds_windows_x86_101202_disk1），单击"下一步"按钮，如下图所示。

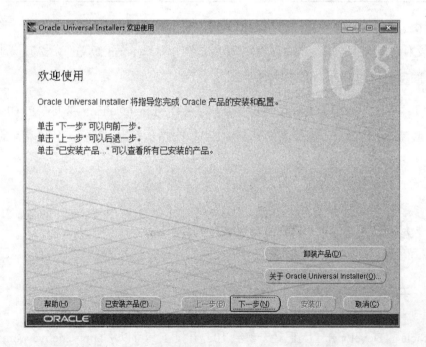

（2）指定 Inventory 目录，可保持默认，单击"下一步"按钮，如下图所示。

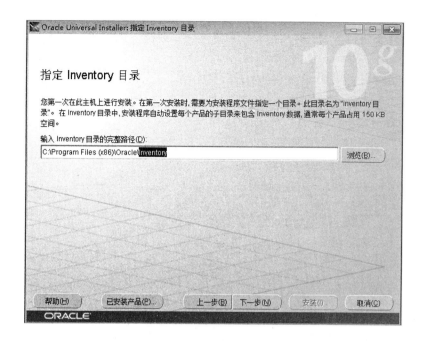

（3）指定安装目标目录，可保持默认，单击"下一步"按钮，如下图所示。

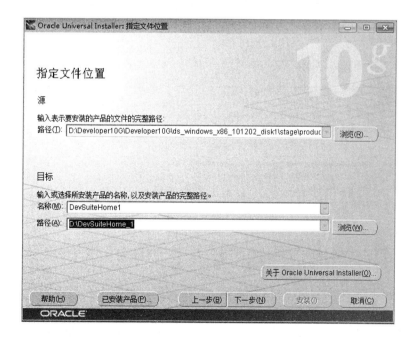

（4）选择安装类型，选择"结束"单选按钮，单击"下一步"按钮，如下图所示。

（5）安装环境校验完成，单击"安装"按钮，如下图所示。

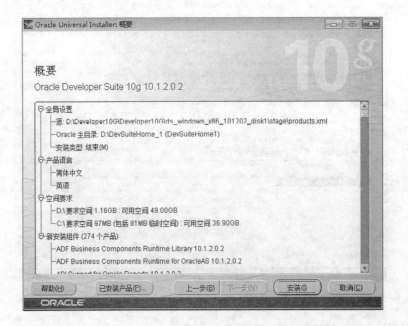

（6）安装盘 1 安装完成，选择安装盘 2，继续安装，如下图所示。

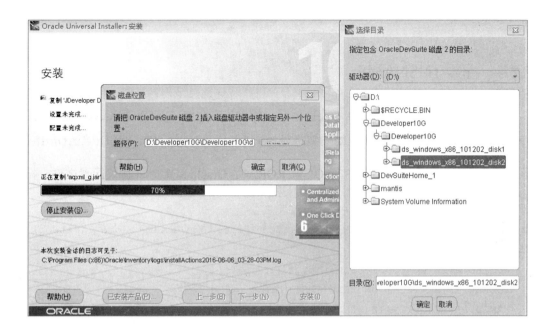

（7）安装结束，单击"退出"按钮结束安装，如下图所示。

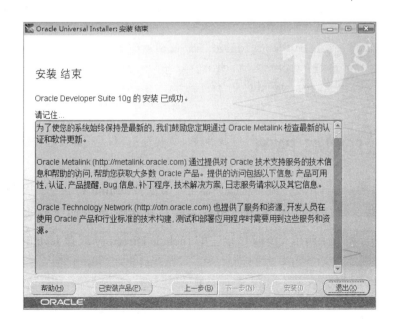

安装完以上开发套件，就完成了 Oracle 开发工具的安装，同时还安装了 Report 等开发工具。

2.2.4 配置 TNSNAME

从 DBA 或向他人索要数据库连接信息，配置安装目录 NETWORK\ADMIN 下的 TNSNAMES.ORA 文件，例如此处安装路径为 I:\DevSuiteHome_1\NETWORK\ADMIN。

此目录下有两个文件，其中，SQLNET.ORA 是 Oracle SQL*Net 协议配置文件，样例如下：

```
# sqlnet.ora Network Configuration File: I:\DevSuiteHome_1\network\
admin\sqlnet.ora
# Generated by Oracle configuration tools.
SQLNET.AUTHENTICATION_SERVICES=(NTS)
NAMES.DIRECTORY_PATH=(LDAP, TNSNAMES, EZCONNECT, ONAMES, HOSTNAME)
```

TNSNAMES.ORA 是 Oracle SQL*Net 数据库服务解析文件，样例如下：

```
# tnsnames.ora Network Configuration File: I:\DevSuiteHome_1\network\
admin\tnsnames.ora
# Generated by Oracle configuration tools.
DEV= (DESCRIPTION= (ADDRESS=(PROTOCOL=tcp)(HOST=10.100.100.10)(PORT=1527))
(CONNECT_DATA= (SERVICE_NAME=DEV) (INSTANCE_NAME=DEV) ) )
```

2.2.5 配置 FORMS_PATH

基于 EBS 的 Form 开发，需要从服务器上下载必要的 fmb 和 pll 文件到本地，比如两类文件的保存路径为 I:\EBS_R12_Resource，那么需要添加注册表的字符串值 FORMS_PATH，如下图所示（类似 C 语言的 Include Directory 或者 Java 的 Class Path）。

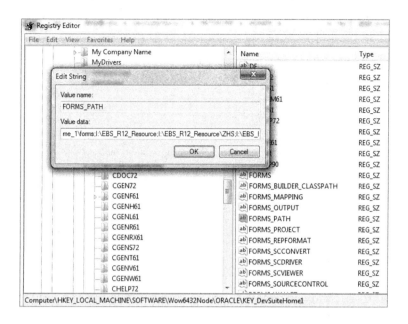

2.2.6　配置 NLS_LANG

将 NLS_LANG 修改为 AMERICAN_AMERICA.ZHS16GBK，如下图所示。这样开发 IDE 使用英文时，字符集可满足英文、简体中文、繁体中文的需要。

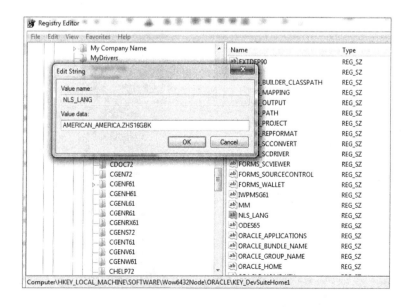

2.3   下载 Template 相关文件

用 FTP 以应用操作系统用户登录 EBS 服务器，进入到$AU_TOP 目录下。

2.3.1   下载 Template 模板

从$AU_TOP/forms/US 目录下下载 TEMPLATE.fmb 到 FORMS_PATH 对应的目录下。

TEMPLATE 是开发 Form 程序的基础，其中预定义了若干 Form 程序必需的组件，如引用标准函数库、Form 中各种对象的属性模板、标准 Form：APPSTAND 等。

2.3.2   启动 Forms Builder 开发工具

通过"开始"菜单启动 Forms Builder，如下图所示。

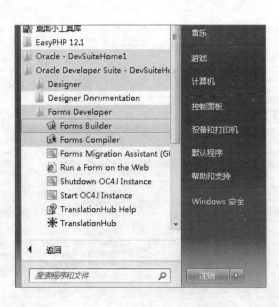

2.3.3 打开 TEMPLATE.fmb 及报错分析

单击 Open 按钮，如下图所示，打开 TEMPLATE.fmb。

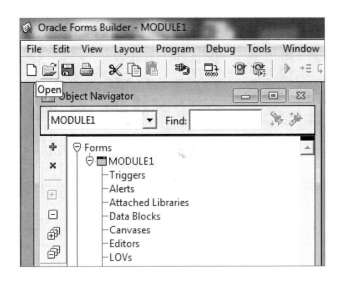

本地仅有 TEMPLATE.fmb，所以弹出报错对话框——fmb 文件找不到，"Source Module"后面就是 form 文件名，如下图所示。

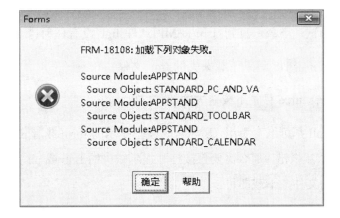

单击"确定"按钮，又弹出报错对话框——pll 文件找不到，"PL/SQL 库"后面就是 pll 文件名，如下图所示。

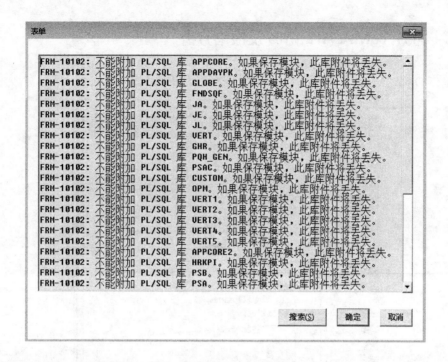

注意此时只可关闭、不可保存 TEMPLATE.fmb。

2.3.4　下载必要的文件到 FORMS_PATH 对应目录

目标：不断测试、下载，直到打开 TEMPLATE.fmb 没有任何错误为止。

从$AU_TOP/forms/US 目录下载缺失的 fmb 文件。

从$AU_TOP/resource 目录下载缺失的 pll 文件。

因为 form 和 pll 都可嵌套引用，所以有时候把提示的 form 或者 pll 下载下来，打开 TEMPLATE.fmb 依然报错，那么需要直接打开提示缺失的 fmb 或 pll 文件，这个时候才会看到真正缺失的文件，下载即可。

附录 E 列出了常用库的文件名，方便读者参考阅读。

2.4　开发工具 Forms Builder

2.4.1　快速认识 Forms Builder 环境

Object Navigator，即分层次的对象管理，常用的有：Trigger 触发器、Data Block 数据块（其下有 Item 字段、Trigger 触发器）、Canvas 画布、LOV 值列表、Parameter 参数、Program Unit 程序单元、Record Group 记录组、Window 窗体。

Form 中常用对象的说明如下表所示。

对　　象	说　　明
窗口（Window）	窗口包含画布视图，一屏可显示几个窗口
画布视图（Canvas View）	放置可见对象的界面，所有对象都放在画布上，一个画布可以包含文本和图形（图文），但都是静态信息，用户不能与之交互；用户可以将项（Item）放在画布上以实现交互功能
项（Item）	项是 Form 中最基本的单位，是块的成员，项按功能可以组成记录，能显示信息并可以与用户交互操作。常用来执行对数据库的操作和维护
块（Block）	块是 Form 中一些界面项（如文本项、列表项等）的逻辑组合。块中的项不需要从物理上存放在一起，它们可以分别安排在多个画布和窗口
触发器（Trigger）	由一个事件可以引起其他执行的 PL/SQL 块，触发器依据其作用范围可以分为 Form 级触发器、块级触发器和项级触发器
程序单元（Program Unit）	程序单元是用户命名的过程（Procedure）、函数（Function）或包（Package），属于 Form 模块
属性选项板（Property Palette）	分类别的属性设置，主要属性待后面用到时再介绍
其他对象	包括预警器（Alert）、参数（Parameter）、值列表（LOV）、记录（Record Group）等，都属于 Form 模块

常用对象的层次结构如下图所示。

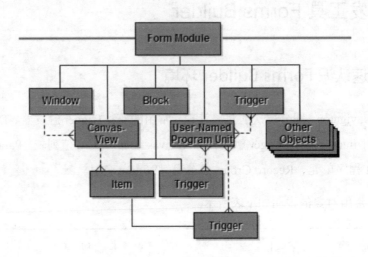

2.4.2　进入 Form 设计界面

通过"开始"菜单启动 Forms Builder 工具，如下图所示。

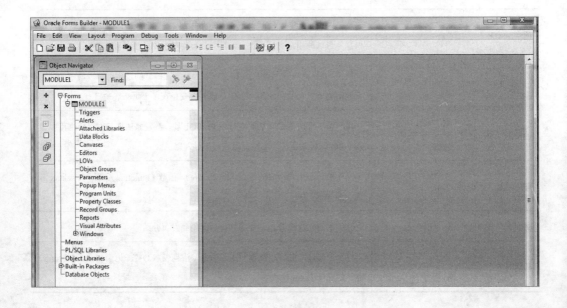

进入 Form 设计界面后，首先需要连接数据库，选择"文件（File）"→"连接（Connect）"命令，弹出"连接（Connect）"对话框，输入用户名（User Name）、口令（Password）和数据库连接字符串（Database），然后单击"连接（Connect）"按钮，如下图所示。

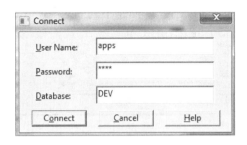

2.4.3　对象导航器

对象导航器（Object Navigator）是一个用来创建和管理 Form 的所有对象（Object）的窗口，如下图所示。

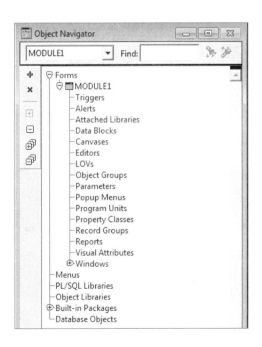

　　对象导航器中可以完成如下一些功能：创建对象、删除对象、编辑对象、移动对象、复制对象、对象更名、展开和隐藏对象、查找对象。此外，使用对象导航器还可以建立对象间的联系。

　　创建对象：选择所创建对象的节点，或选择一个已存在的同类型的节点。单击"创建（Create）"图标，新对象即被创建，创建不同的对象会出现不同的事件，而不同的对象会决定怎样继续操作，如下图所示。

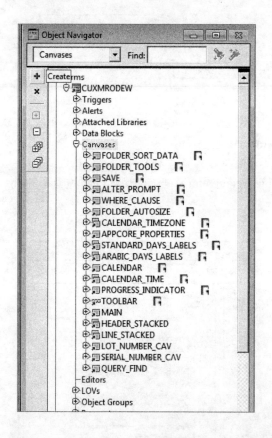

　　删除对象：选择要删除对象的节点，单击"删除（Delete）"图标，弹出 Form 对话框，单击"是（Yes）"按钮删除对象，如下图所示。

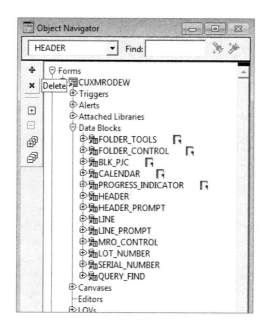

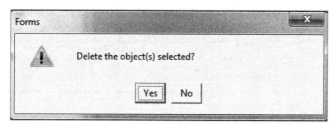

编辑对象：在对象导航器中双击该对象的图标，不同的对象类型决定了它们各自不同的编辑方法。双击代码对象图标，打开 PL/SQL 编辑器；双击画布视图图标，布局编辑器；双击其他对象图标，打开属性选项板。此外，单击某个对象，选择"工具（Tools）"菜单中的相应命令也可以进入相应的对象编辑工具。

移动对象：在对象导航器中选择要移动对象的节点，单击"剪切（Cut）"图标或选择"编辑（Edit）"→"剪切（Cut）"命令，将目的节点定位，单击"粘贴（Paste）"图标或选择"编辑（Edit）"→"粘贴（Paste）"命令。或直接单击对象，拖动到目的节点。

复制对象：在对象导航器中选择要复制对象的节点，单击"复制（Copy）"图标或选择"编辑（Edit）"→"复制（Copy）"命令，将目的节点定位，单击"粘贴（Paste）"图标或选择"编辑（Edit）"→"粘贴（Paste）"命令。

展开和隐藏对象：对象导航器开始仅显示最上层的对象。节点前有彩色"+"号表示该对象有子对象。节点前有"−"号表示所有子对象均已显示出来。可以同时展开和隐藏对象的一级子对象，也可以同时展开和隐藏所有子对象，具体如下表所示。

目　的	操　作
展开一级子对象	选择需要展开的节点，单击"展开（Expand）"图标或单击"+"号，显示第一级子对象
展开所有子对象	选择需要展开的节点，单击"展开全部（Expand All）"图标或按住【Shift】键后单击"+"号，显示所有子对象
隐藏一级子对象	选择一个已展开的节点，单击"隐藏（Collapse）"图标或单击"−"号，隐藏第一级子对象
隐藏所有子对象	选择一个已展开的节点，单击"隐藏全部（Collapse All）"图标或按住【Shift】键后单击"−"号，隐藏所有子对象

查找对象：使用对象导航器上的"查找（Find）"文本框搜索定位对象，或者先标识一个对象，然后利用该标识导航到该对象。

2.4.4　布局编辑器

布局编辑器（Layout Editor）是一个图形化工具，用于创建和安放 Form 的界面项（Item）、文本和图形（Boilerplate text and graphics），如下图所示。

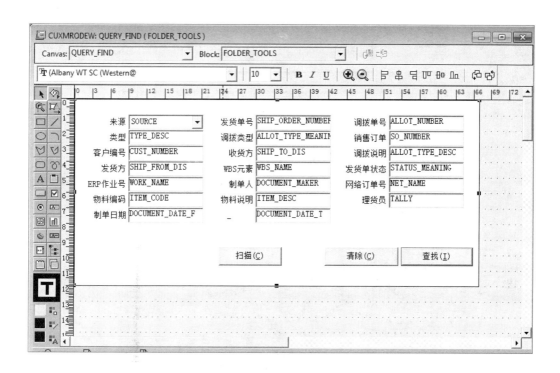

在布局编辑器中，当前工作区是一个画布视图（Canvas View），这是通过设置画布视图的窗口属性实现的。布局编辑器窗口标题栏显示上下文（Context）信息，包括当前 Form 的名字、当前画布视图的名字以及当前块的名字。当你在布局编辑器画布上创建项时，该项自动分配到当前块，即画布编辑器上的当前块。可选择"排列（Arrange）"菜单下的相应命令排列布局编辑器上的项。在布局编辑器上还可以切换显示不同的画布视图。

2.4.5 属性选项板

属性选项板（Property Palette）可用来设置应用模块 Form 和 Menu 中对象的属性，以控制对象的外观和其他特性。

在对象导航器中双击对象（不包括代码对象和画布视图）图标，如果已打开一个属性选项板，则双击对象会把它显示在另一个窗口上面，按住【Shift】键后双击图标，会打开第二个属性选项板。一旦激活属性选项板，窗口就一直打开着，如下图所示。

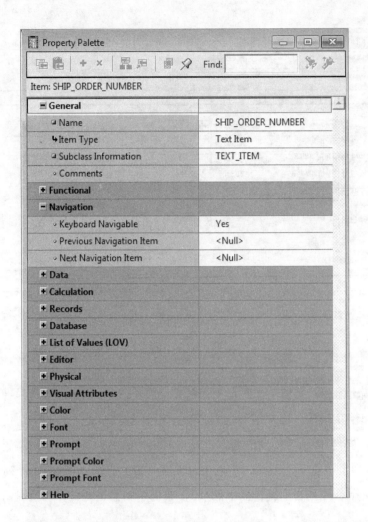

它自动显示用户在布局编辑器里访问的每个对象的属性,在对象导航器里选择的每个对象的属性也会自动显示在属性选项板中,需要比较两个对象的属性时,可以打开另一个属性选项板进行比较。单击属性选项板右上角的"关闭"按钮可关闭属性选项板。

2.4.6　Form 中常用对象介绍

Form 中的对象可以分为两类:CONTAINER OBJECT 和 WIDGET OBJECT,相应对象如下表所示。

分　类	对　象
CONTAINER OBJECT	MODULE
	WINDOW
	CANVAS
	BLOCK
	REGION
WIDGET OBJECT	TEXT ITEM
	DISPLAY ITEM
	POPLIST
	OPTION GROUP
	CHECK BOX
	BUTTON
	LOV

下面对常用对象进行简单介绍。

1．MODULE

MODULE 的属性也就是 Form 的属性，它决定了整个程序的整体特性与结构。其主要属性有：Property Class、Module Name、First Navigation，其含义如下表所示。

属　性	含　义
Property Class	在模板 Form 中，Property Class 已经被设置为"MODULE"。用户不可更改此属性
Module Name	MODULE 的名字必须和相应的文件名保持一致，例如文件名为 CUXPOMPO.fmb，则 Module Name 应为 CUXPOMPO。这样在 Form 间引用对象时不易混淆

续表

属　性	含　义
First Navigation	决定了当 Form 打开时，光标定位在哪一个 Block，同时也影响到最开始 Form 显示哪个 Canvas。同时它也决定了执行 CLEAR_FORM 后，光标定位在何处

2．WINDOW

WINDOW 按照其行为可分为两种：模式窗口和非模窗口。

模式窗口的特点是用户可以在多个窗口间自由切换；非模窗口的特点是当用户处于该窗口时，除非关闭窗口，否则光标无法定位在其他窗口。

3．BLOCK

BLOCK 的主要属性有 Property Class 和 Key Mode，其含义如下表所示。

属　性	含　义
Property Class	对于非模的 BLOCK，该属性应当设置为 "BLOCK"；对于模式窗口中的 BLOCK 则应设置为 "BLOCK_DIALOG"
Key Mode	当 BLOCK 基于 TABLE 或者单表视图时，Key Mode 应当设置为 "UNIQUE"；当 BLOCK 基于多表视图时，则应设置为 "NON UPDATABLE"。当然，必须确保该 BLOCK 中至少有一个字段标记为 PK 字段。

BLOCK 的类型按照用途和属性设置的不同，BLOCK 可分为以下几种：Dialog Blocks、Blocks With No Base Table、Single-Record Blocks、Multi-Record Blocks。

4．TEXT ITEM

TEXT ITEM 一般用于完成与用户的信息交互（如显示、输入等），故此用途较多，而且它的使用也比较频繁。其主要属性有 PROPERTY CLASS 和 QUERY LENGTH。

PROPERTY CLASS 属性的含义如下表所示。

属 性	含 义
TEXT_ITEM	常规文本
TEXT_ITEM_DISPLAY_ONLY	使用该属性类后，ITEM 不可输入，但允许查询
TEXT_ITEM_DATE	此属性类用于将 ITEM 设置为日期类型
CREATION_OR_LAST_UPDATE	此属性类用于将 ITEM 设置为 WHO 字段中的日期类型
TEXT_ITEM_MULTILINE	此属性类用于将 ITEM 设置为支持多行文字显示、输入

QUERY LENGTH：TEXT ITEM 的最大查询长度应当设置为 255，以支持复杂的查询。

5. DATE FIELD

DATE FIELD 是 TEXT ITEM 中的一种，比较特殊的地方在于它用于显示日期和时间，所以在某些属性上应当特别注意，其含义如下表所示。

属 性	含 义
DATA TYPE	字段只显示日期时，定义其类型为 DATE；如显示日期和时间，定义其类型为 DATETIME。默认值可分别从变量$$DBDATE$$、$$DBDATETIME$$中取得
MAXIMUM LENGTH	对于日期来说，字段长度为 11；对于日期和时间来说，字段长度为 20
VALIDATION	对日期的校验应当放在 RECORD 级别

更多对象类型、属性的介绍本文不做赘述，可以使用 Form Builder 在线帮助查询参考。

2.4.7 其他 Form 设计工具

除了上述三个常用的 Form 设计工具外，还有其他一些 Form 设计工具，如菜单编辑器、弹出菜单、PL/SQL 编辑器等。

2.5　案例：创建数据库对象

要求：表、序列、索引创建在应用数据库用户下，表放在数据表空间中，索引放在索引表空间中；视图、包创建在 APPS 下，表和序列需要在 APPS 下创建别名。

本小节的脚本在 PL/SQL Developer 中，用 APPS 登录，在 Command Window 中运行。

2.5.1　创建数据量对象

这里仅创建"头信息"表，并遵循如下规范。

（1）1 个表关键字 ID，通常与表名一致，并用 Sequence 为每条记录获得唯一值。

（2）1 个组织 ID，根据不同的开发选用不同层次的组织 ID，这里的销售订单运行在 OU 层，所以基表命名为_ALL 表，并创建一个不带_ALL 的同义词作为"基表"，并创建 VPD 策略。

（3）5 个 Who 字段，记录由谁在何时创建，并由谁在何时修改，登录 ID 是多少。

（4）4 个请求字段，处理的请求 ID、请求日期、并发程序 ID 及其应用 ID，如果有的话。

（5）16 个描述性弹性域字段：1 个上下文字段，15 个弹性域字段。

另外，根据以往开发经验，添加一个描述字段可解决不少难缠的问题。

因为脚本中带有 Schema 前缀，可以在 APPS 直接运行创建，源文件为 cux_order_headers_all.sql。

```
-- Create table
Create Table CUX.CUX_ORDER_HEADERS_ALL
```

```
(
 HEADER_ID Number Not Null,
ORG_ID Number Not Null,
ORDER_NUMBER Varchar2(30),
ORDERED_DATE Date,
ORDER_TYPE Varchar2(30),
CUSTOMER_ID Number,
SALESREP_ID Number,
PRICE_LIST_ID Number,
CURRENCY_CODE Varchar2(30),
FLOW_STATUS_CODE Varchar2(30),
DESCRIPTION Varchar2(4000),
SOURCE_CODE Varchar2(30) Not Null,
SOURCE_LINE_ID Number Not Null,
SOURCE_REFERENCE Varchar2(100),
PROCESS_GROUP_ID Number,
PROCESS_STATUS Varchar2(10) Default 'PENDING' Not Null,
PROCESS_DATE Date,
PROCESS_MESSAGE Varchar2(4000),
CREATION_DATE DATE default sysdate not null,
CREATED_BY NUMBER default -1 not null,
LAST_UPDATED_BY NUMBER default -1 not null,
LAST_UPDATE_DATE DATE default sysdate not null,
LAST_UPDATE_LOGIN NUMBER,
PROGRAM_APPLICATION_ID NUMBER,
PROGRAM_ID NUMBER,
PROGRAM_UPDATE_DATE DATE,
REQUEST_ID NUMBER,
ATTRIBUTE_CATEGORY VARCHAR2(30),
ATTRIBUTE1 VARCHAR2(240),
ATTRIBUTE2 VARCHAR2(240),
ATTRIBUTE3 VARCHAR2(240),
ATTRIBUTE4 VARCHAR2(240),
ATTRIBUTE5 VARCHAR2(240),
ATTRIBUTE6 VARCHAR2(240),
```

```
    ATTRIBUTE7 VARCHAR2(240),
    ATTRIBUTE8 VARCHAR2(240),
    ATTRIBUTE9 VARCHAR2(240),
    ATTRIBUTE10 VARCHAR2(240),
    ATTRIBUTE11 VARCHAR2(240),
    ATTRIBUTE12 VARCHAR2(240),
    ATTRIBUTE13 VARCHAR2(240),
    ATTRIBUTE14 VARCHAR2(240),
    ATTRIBUTE15 VARCHAR2(240)
);
comment on table CUX.CUX_ORDER_HEADERS_ALL is '范例';
comment on column CUX.CUX_ORDER_HEADERS_ALL.HEADER_ID is '表ID，主键，供
其他表做外键';
comment on column CUX.CUX_ORDER_HEADERS_ALL.ORG_ID is '业务实体ID';
comment on column CUX.CUX_ORDER_HEADERS_ALL.ORDER_NUMBER is '订单编号';
comment on column CUX.CUX_ORDER_HEADERS_ALL.ORDERED_DATE is '订单日期';
comment on column CUX.CUX_ORDER_HEADERS_ALL.ORDER_TYPE is '订单类型';
comment on column CUX.CUX_ORDER_HEADERS_ALL.CURRENCY_CODE is '币种';
comment on column CUX.CUX_ORDER_HEADERS_ALL.CUSTOMER_ID is '客户';
comment on column CUX.CUX_ORDER_HEADERS_ALL.SALESREP_ID is '销售员';
comment on column CUX.CUX_ORDER_HEADERS_ALL.PRICE_LIST_ID is '价目表';
comment on column CUX.CUX_ORDER_HEADERS_ALL.FLOW_STATUS_CODE is '订单状态';
comment on column CUX.CUX_ORDER_HEADERS_ALL.DESCRIPTION is '备注，有条件
的话做成多行文本';
comment on column CUX.CUX_ORDER_HEADERS_ALL.SOURCE_CODE is '源系统代码，
追溯字段，默认=当前 Node';
comment on column CUX.CUX_ORDER_HEADERS_ALL.SOURCE_LINE_ID is '源系统行
ID，追溯字段，默认=本表ID';
comment on column CUX.CUX_ORDER_HEADERS_ALL.SOURCE_REFERENCE is '源系统
参考，显示在界面供用户查看';
comment on column CUX.CUX_ORDER_HEADERS_ALL.PROCESS_GROUP_ID is '后台处
理组ID，供分批、并发控制用';
comment on column CUX.CUX_ORDER_HEADERS_ALL.PROCESS_STATUS is '后台处理
状态，约定：
ENTER/数据正在录入，用户可以修改
```

PENDING/用户已确认，数据可以导入

SKIP/不需要做接口处理

ERROR/出错，数据验证不通过

COMPLETE/数据已经进入接口，用户不可以修改';

comment on column CUX.CUX_ORDER_HEADERS_ALL.PROCESS_DATE is '后台处理日期';

comment on column CUX.CUX_ORDER_HEADERS_ALL.PROCESS_MESSAGE is '后台处理信息';

```
-- Create/Recreate indexes
alter table CUX.CUX_ORDER_HEADERS_ALL add constraint CUX_ORDER_HEADERS_
PK primary key (HEADER_ID);
Create Unique Index CUX.CUX_ORDER_HEADERS_U1 On CUX.CUX_ORDER_HEADERS_
ALL(ORG_ID,ORDER_NUMBER) tablespace APPS_TS_TX_IDX;
Create  Index  CUX.CUX_ORDER_HEADERS_N1  On  CUX.CUX_ORDER_HEADERS_ALL
(CUSTOMER_ID) tablespace APPS_TS_TX_IDX;
Create  Index  CUX.CUX_ORDER_HEADERS_N2  On  CUX.CUX_ORDER_HEADERS_ALL
(SALESREP_ID) tablespace APPS_TS_TX_IDX;
Create  Index  CUX.CUX_ORDER_HEADERS_N3  On  CUX.CUX_ORDER_HEADERS_ALL
(FLOW_STATUS_CODE) tablespace APPS_TS_TX_IDX;
-- Create/Recreate sequence
Create Sequence CUX.CUX_ORDER_HEADERS_S Start With 10001;
Create Synonym apps.CUX_ORDER_HEADERS_S For CUX.CUX_ORDER_HEADERS_S;
Create Synonym apps.CUX_ORDER_HEADERS_ALL For CUX.CUX_ORDER_HEADERS_ ALL;

-- Create Multi Org Synonym
CREATE  OR REPLACE  SYNONYM APPS.CUX_ORDER_HEADERS FOR CUX.CUX_ORDER_
HEADERS_ALL;

-- Create Multi Org VPD Policy
BEGIN
  dbms_rls.add_policy(object_name    => 'CUX_ORDER_HEADERS',
                 policy_name     => 'ORG_SEC',
                 policy_function => 'MO_GLOBAL.ORG_SECURITY',
                 policy_type     => dbms_rls.shared_context_sensitive);
END;
```

　　说明： R12.2.X 版本创建的表方便统一管理，创建表时建议使用表空间 APPS_TS_TX_DATA，创建索引时建议使用索引表空间 APPS_TS_TX_IDX。

2.5.2　注册表和字段

　　需要向 EBS 注册表和字段，这样以后就可通过标准功能设置弹性域、监控表操作。

```
EXECUTE AD_DD.REGISTER_TABLE('CUX','CUX_ORDER_HEADERS_ALL','T',2,10,0);
EXECUTE AD_DD.REGISTER_COLUMN('CUX','CUX_ORDER_HEADERS_ALL','HEADER_ID',
1,'NUMBER',38,'N','N');
EXECUTE AD_DD.REGISTER_COLUMN('CUX','CUX_ORDER_HEADERS_ALL','ORG_ID',
2,'NUMBER',38,'N','N');
EXECUTE AD_DD.REGISTER_COLUMN('CUX','CUX_ORDER_HEADERS_ALL','ORDER_
NUMBER',3,'VARCHAR2',30,'Y','N');
EXECUTE AD_DD.REGISTER_COLUMN('CUX','CUX_ORDER_HEADERS_ALL','ORDERED_
DATE',4,'DATE',9,'Y','N');
EXECUTE AD_DD.REGISTER_COLUMN('CUX','CUX_ORDER_HEADERS_ALL','ORDER_
TYPE',5,'VARCHAR2',30,'Y','N');
EXECUTE AD_DD.REGISTER_COLUMN('CUX','CUX_ORDER_HEADERS_ALL','CUSTOMER_
ID',6,'NUMBER',38,'Y','N');
EXECUTE AD_DD.REGISTER_COLUMN('CUX','CUX_ORDER_HEADERS_ALL','SALESREP_
ID',7,'NUMBER',38,'Y','N');
EXECUTE AD_DD.REGISTER_COLUMN('CUX','CUX_ORDER_HEADERS_ALL','PRICE_
LIST_ID',8,'NUMBER',38,'Y','N');
EXECUTE AD_DD.REGISTER_COLUMN('CUX','CUX_ORDER_HEADERS_ALL','CURRENCY_
CODE',9,'VARCHAR2',30,'Y','N');
EXECUTE AD_DD.REGISTER_COLUMN('CUX','CUX_ORDER_HEADERS_ALL','FLOW_
STATUS_CODE',10,'VARCHAR2',30,'Y','N');
EXECUTE AD_DD.REGISTER_COLUMN('CUX','CUX_ORDER_HEADERS_ALL','DESCRIPTION',
11,'VARCHAR2',4000,'Y','N');
EXECUTE AD_DD.REGISTER_COLUMN('CUX','CUX_ORDER_HEADERS_ALL','SOURCE_
CODE',12,'VARCHAR2',30,'N','N');
EXECUTE AD_DD.REGISTER_COLUMN('CUX','CUX_ORDER_HEADERS_ALL','SOURCE_
LINE_ID',13,'NUMBER',38,'N','N');
```

```
    EXECUTE AD_DD.REGISTER_COLUMN('CUX','CUX_ORDER_HEADERS_ALL','SOURCE_
REFERENCE',14,'VARCHAR2',100,'Y','N');
    EXECUTE AD_DD.REGISTER_COLUMN('CUX','CUX_ORDER_HEADERS_ALL','PROCESS_
GROUP_ID',15,'NUMBER',38,'Y','N');
    EXECUTE AD_DD.REGISTER_COLUMN('CUX','CUX_ORDER_HEADERS_ALL','PROCESS_
STATUS',16,'VARCHAR2',10,'N','N');
    EXECUTE AD_DD.REGISTER_COLUMN('CUX','CUX_ORDER_HEADERS_ALL','PROCESS_
DATE',17,'DATE',9,'Y','N');
    EXECUTE AD_DD.REGISTER_COLUMN('CUX','CUX_ORDER_HEADERS_ALL','PROCESS_
MESSAGE',18,'VARCHAR2',4000,'Y','N');
    EXECUTE AD_DD.REGISTER_COLUMN('CUX','CUX_ORDER_HEADERS_ALL','CREATION_
DATE',19,'DATE',9,'N','N');
    EXECUTE AD_DD.REGISTER_COLUMN('CUX','CUX_ORDER_HEADERS_ALL','CREATED_
BY',20,'NUMBER',38,'N','N');
    EXECUTE AD_DD.REGISTER_COLUMN('CUX','CUX_ORDER_HEADERS_ALL','LAST_
UPDATED_BY',21,'NUMBER',38,'N','N');
    EXECUTE AD_DD.REGISTER_COLUMN('CUX','CUX_ORDER_HEADERS_ALL','LAST_
UPDATE_DATE',22,'DATE',9,'N','N');
    EXECUTE AD_DD.REGISTER_COLUMN('CUX','CUX_ORDER_HEADERS_ALL','LAST_
UPDATE_LOGIN',23,'NUMBER',38,'Y','N');
    EXECUTE AD_DD.REGISTER_COLUMN('CUX','CUX_ORDER_HEADERS_ALL','PROGRAM_
APPLICATION_ID',24,'NUMBER',38,'Y','N');
    EXECUTE AD_DD.REGISTER_COLUMN('CUX','CUX_ORDER_HEADERS_ALL','PROGRAM_
ID',25,'NUMBER',38,'Y','N');
    EXECUTE AD_DD.REGISTER_COLUMN('CUX','CUX_ORDER_HEADERS_ALL','PROGRAM_
UPDATE_DATE',26,'DATE',9,'Y','N');
    EXECUTE AD_DD.REGISTER_COLUMN('CUX','CUX_ORDER_HEADERS_ALL','REQUEST_
ID',27,'NUMBER',38,'Y','N');
    EXECUTE AD_DD.REGISTER_COLUMN('CUX','CUX_ORDER_HEADERS_ALL','ATTRIBUTE_
CATEGORY',28,'VARCHAR2',30,'Y','N');
    EXECUTE AD_DD.REGISTER_COLUMN('CUX','CUX_ORDER_HEADERS_ALL','ATTRIBUTE1',
29,'VARCHAR2',240,'Y','N');
    EXECUTE AD_DD.REGISTER_COLUMN('CUX','CUX_ORDER_HEADERS_ALL','ATTRIBUTE2',
30,'VARCHAR2',240,'Y','N');
    EXECUTE AD_DD.REGISTER_COLUMN('CUX','CUX_ORDER_HEADERS_ALL','ATTRIBUTE3',
```

```
31,'VARCHAR2',240,'Y','N');
    EXECUTE AD_DD.REGISTER_COLUMN('CUX','CUX_ORDER_HEADERS_ALL','ATTRIBUTE4',
32,'VARCHAR2',240,'Y','N');
    EXECUTE AD_DD.REGISTER_COLUMN('CUX','CUX_ORDER_HEADERS_ALL','ATTRIBUTE5',
33,'VARCHAR2',240,'Y','N');
    EXECUTE AD_DD.REGISTER_COLUMN('CUX','CUX_ORDER_HEADERS_ALL','ATTRIBUTE6',
34,'VARCHAR2',240,'Y','N');
    EXECUTE AD_DD.REGISTER_COLUMN('CUX','CUX_ORDER_HEADERS_ALL','ATTRIBUTE7',
35,'VARCHAR2',240,'Y','N');
    EXECUTE AD_DD.REGISTER_COLUMN('CUX','CUX_ORDER_HEADERS_ALL','ATTRIBUTE8',
36,'VARCHAR2',240,'Y','N');
    EXECUTE AD_DD.REGISTER_COLUMN('CUX','CUX_ORDER_HEADERS_ALL','ATTRIBUTE9',
37,'VARCHAR2',240,'Y','N');
    EXECUTE AD_DD.REGISTER_COLUMN('CUX','CUX_ORDER_HEADERS_ALL','ATTRIBUTE10',
38,'VARCHAR2',240,'Y','N');
    EXECUTE AD_DD.REGISTER_COLUMN('CUX','CUX_ORDER_HEADERS_ALL','ATTRIBUTE11',
39,'VARCHAR2',240,'Y','N');
    EXECUTE AD_DD.REGISTER_COLUMN('CUX','CUX_ORDER_HEADERS_ALL','ATTRIBUTE12',
40,'VARCHAR2',240,'Y','N');
    EXECUTE AD_DD.REGISTER_COLUMN('CUX','CUX_ORDER_HEADERS_ALL','ATTRIBUTE13',
41,'VARCHAR2',240,'Y','N');
    EXECUTE AD_DD.REGISTER_COLUMN('CUX','CUX_ORDER_HEADERS_ALL','ATTRIBUTE14',
42,'VARCHAR2',240,'Y','N');
    EXECUTE AD_DD.REGISTER_COLUMN('CUX','CUX_ORDER_HEADERS_ALL','ATTRIBUTE15',
43,'VARCHAR2',240,'Y','N');
```

2.5.3　创建用户开发 Form 使用的视图

Form 可以直接基于基表，但对于复杂的表，则必须使用 View 将各个 ID 转换为有意义的编码或者描述。

```
CREATE OR REPLACE VIEW CUX_ORDER_HEADERS_V AS
SELECT coh.rowid              row_id,
       coh.header_id,
```

```
coh.org_id,
coh.order_number,
coh.ordered_date,
coh.order_type,
coh.customer_id,
rac.customer_name,
coh.salesrep_id,
jrs.name               salesrep_name,
coh.price_list_id,
qlh.name               price_list_name,
coh.currency_code,
coh.flow_status_code,
coh.description,
coh.source_code,
coh.source_line_id,
coh.source_reference,
coh.process_group_id,
coh.process_status,
coh.process_date,
coh.process_message,
coh.creation_date,
coh.created_by,
coh.last_updated_by,
coh.last_update_date,
coh.last_update_login,
coh.program_application_id,
coh.program_id,
coh.program_update_date,
coh.request_id,
coh.attribute_category,
coh.attribute1,
coh.attribute2,
coh.attribute3,
```

```
          coh.attribute4,
          coh.attribute5,
          coh.attribute6,
          coh.attribute7,
          coh.attribute8,
          coh.attribute9,
          coh.attribute10,
          coh.attribute11,
          coh.attribute12,
          coh.attribute13,
          coh.attribute14,
          coh.attribute15
     FROM cux.cux_order_headers  coh,
          ar.ra_customers        rac,
          jtf.jtf_rs_salesreps   jrs,
          apps.qp_list_headers_vl qlh
    WHERE coh.customer_id = rac.customer_id
      AND coh.salesrep_id = jrs.salesrep_id(+)
      AND coh.price_list_id = qlh.list_header_id(+)
```

2.5.4　创建表操作 API

不管是基于基表还是基于视图的 Block，都建议编写 ON-UPDATE、ON-INSERT、ON-DELETE、ON-LOCK 触发器，并且把具体的 DML 和锁记录代码放入数据库 Package 中，然后在 Form 中调用，该 Package 以后还可以在其他地方调用。这些设计，都是基于以往开发经验所归纳出来的，有利于模块化开发和扩展。以下脚本在 APPS 下运行，源文件为 cux_order_headers_pkg.pck。

2.6　案例：从模板开始设计

2.6.1　复制 TEMPLATE.fmb

复制 TEMPLATE.fmb，重命名为 CUXORDENT.fmb，打开之后把 Form Name 也修改为 CUXORDENT，一定要保持一致性。

2.6.2　删除多余对象

删除 Data Blocks 下的两个块：BLOCKNAME 和 DETAILBLOCK，它们是模板自带的示例主从块。删除 Canvases 下的一个画布 BLOCKNAME。

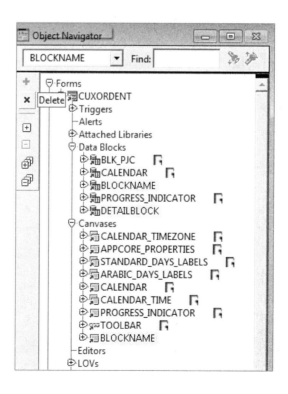

2.6.3　修改 Windows 名称

修改 Windows 下的 BLOCKNAME 这个 Window，在 Property Palette 中将 Name 修改为 "SALES_ORDER"，将 Title 修改为 "Sales Order"，如下图所示。

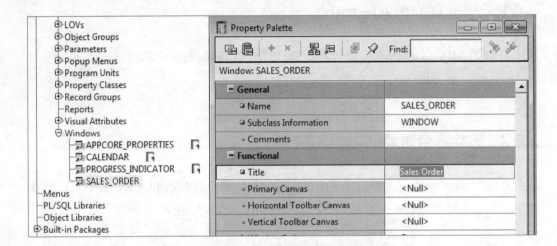

2.6.4　修改 2 个触发器、1 个程序单元

因为一个 Form 有多个 Window，所以需要明确指出哪个 Window 是主 Window，这样在关闭主 Window 的时候将退出整个 Form。此外，我们也需要在源代码中记录作者、开发时间、版本等备注信息。这些是通过代码而非属性来控制的。

（1）修改 Form 级触发器 PRE-FORM，将

```
app_window.set_window_position ('BLOCKNAME', 'FIRST_WINDOW');
```

修改为

```
app_window.set_window_position('SALES_ORDER', 'FIRST_WINDOW');
```

同时修改上面几行代码中的作者、时间、版本、Form 描述、应用简称，示例如下：

```
FND_STANDARD.FORM_INFO('$Revision: 120.0 $', 'Template Form', 'FND',
'$Date: 2016/06/06 23:25 $', '$caixingyun: appldev $');
```

（2）修改 Form 级触发器 WHEN-NEW-FORM-INSTANCE，主要修改 Form 名字、版本和日期。

```
FDRCSID('$Header: CUXORDENT.fmb 120.0 2016/06/06 23:25  appldev ship $');
```

（3）修改 Program Unit 下 app_custom 中的 close_window 过程，将

```
if (wnd = '<your first window>') then app_window.close_first_window;
```

改为

```
if (wnd = 'SALES_ORDER') then app_window.close_first_window;
```

2.6.5　创建 Block 数据块

数据块用于定义 Form 上的字段与数据库中的字段是如何对应的，同时定义块和字段的各种操作特性，字段类型、长度、默认值、可否增/删/改/查等。

选中数据块，单击"创建"按钮，弹出 New Data Block 对话框，选择"数据块向导（Use the Data Block_Wizard）"单选按钮，如下图所示。

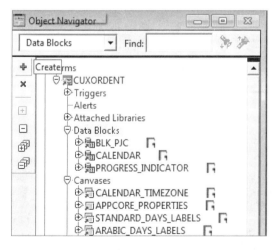

之后第一步跳过，第二步保持默认值，选择"Table or View"选项。

第三步输入 View 的名字 CUX_ORDER_HEADERS_V，如果没有登录过，则会弹出登录对话框框，登录数据库；登录后 Available Columns 中将显示所有视图字段，单击"＞＞"按钮全部添加到 Database Items 中，如下图所示。

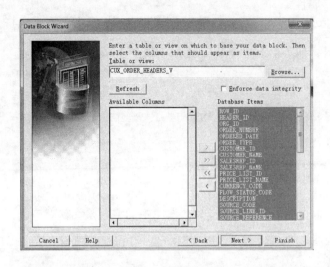

第四步跳过，第五步选择"Just create the data block"选项后单击 Finish 按钮。

Forms Builder 自动将表字段的名称、类型、长度、是否必须等信息显示到 Block 下的 Items 中，如下图所示。

2.6.6　设置 Block 属性及其 Subclass

默认的 Block 名字为视图名字，需要"精简"，此例改为"ORDER_HEADERS"，同时需要设置块属性中的 Subclass Information 为 BLOCK，如下图所示。

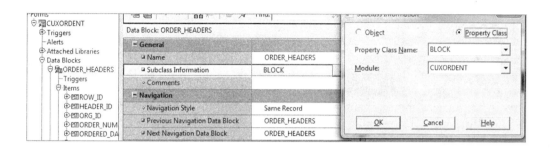

此外，需要设置块的前后导航属性，本例目前仅有一个有意义的数据块，这里将 Previous Navigation Data Block 和 Next Navigation Data Block 均设置为自身，这样在运行时，使用快捷键【Shift+PgUp】和【Shift+PgDn】时，均不会跳离本块。

说明：子类类似 Java 中的子类，用来继承 Item 类型和各种属性，在开发过程中，要严格设置各种 Item 的子类，不得手工随意修改对象的属性，从而保持界面有一致的风格。设置过子类的对象，图标上有个红色的箭头。

2.6.7　设置 Item 属性及其 Subclass

设置需要显示 Item 和特殊 Item 的子类，同时设置部分 Item 的默认值，如下表所示。

Item	Subclass	Required	Initial Value	说　明
ROW_ID	ROW_ID			不显示
ORDER_NUMBER	TEXT_ITEM	Yes		
ORDERED_DATE	TEXT_ITEM	Yes	$$DBDATE$$	系统日期
ORDER_TYPE	TEXT_ITEM	Yes	I	

续表

Item	Subclass	Required	Initial Value	说　明
CUSTOMER_NAME	TEXT_ITEM	Yes		
SALESREP_NAME	TEXT_ITEM	No		
PRICE_LIST_NAME	TEXT_ITEM	No		
CURRENCY_CODE	TEXT_ITEM	Yes		
FLOW_STATUS_CODE	TEXT_ITEM	Yes	ENTERED	
DESCRIPTION	TEXT_ITEM	No		

此外，为测试和学习方便，这里先把 ORG_ID 和 CUSTOMER_ID 的默认值设置为 0。

以 ORDERED_DATE 为例，设置方式如下图所示。

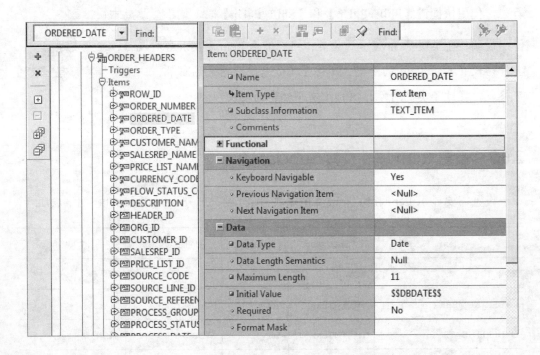

2.6.8　创建 Canvas 画布

画布用来设计各字段的布局，画布必须放置在 Window 上之后才真正对用户"可见"。最基本的画布为 Content 画布，一个 Window 必须有且仅有一个 Content 画布。

右击 Data Blocks，在弹出的快捷菜单中选择"布局创建向导（Layout Wizard）"命令，如下图所示。

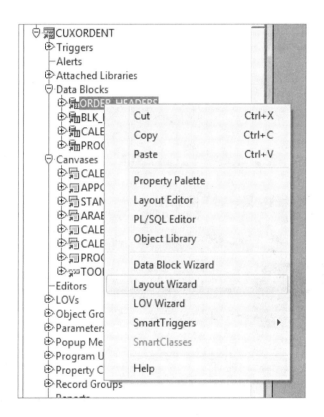

第一步选择 New Canvas，Type 选择 Content，如下图所示。

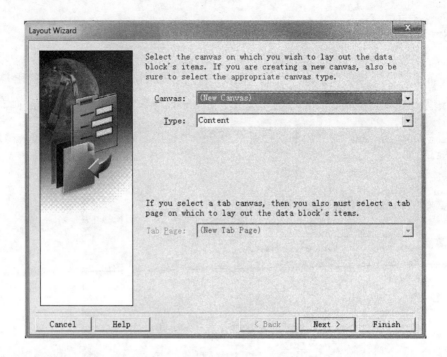

第二步选择要显示的字段，如下图所示。

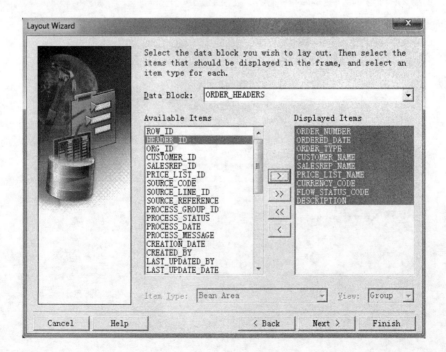

第三步修改各字段的提示和显示长度，如下图所示。

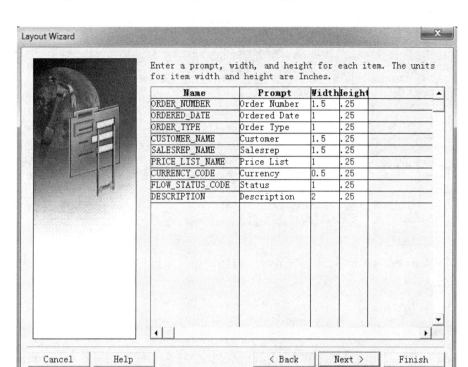

后面两步跳过，直至单击"Finish"按钮。

在打开的画布设计界面中删除自动生成的 Frame。

2.6.9 设置画布属性和子类、调整布局

设置画布名字为 SALES_ORDER，放置的 Window 为 SALES_ORDER，子类为 Canvas，如下图所示。

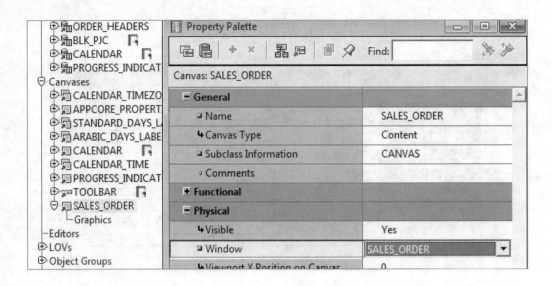

调整 View 和 Canvas 的大小，Content 画布这两者设置应一样大，即拉到重叠为止，如下图所示。

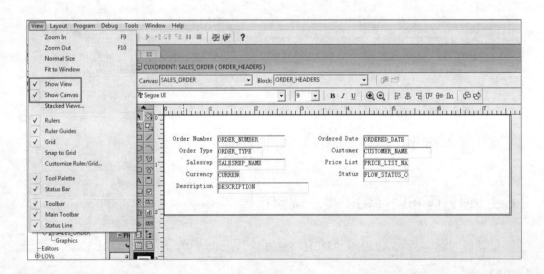

说明：Canvas 是整个画布的大小，Item 是放置在 Canvas 上的；View 是这个画布的可见部分，如果 View 小于 Canvas，那么通常需要借助滚动条来查看整个 Canvas 中的内容；可以通过选择"View"菜单中的 Show View、Show Canvas 来确定哪个框是 Canvas 哪个框是 View。

2.6.10　调整布局

调整默认的布局，设置各 Item 的显示长度。此处通过属性将处理描述字段之外的其他项统一设置为 1.5，如下图所示。

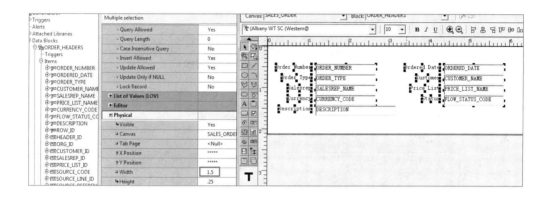

2.6.11　调整 Prompt 提示

Oracle 标准的 Form 中，Form 形式的布局，提示放置在字段左边，居中对齐，并且距离字段 0.073；而 Table 形式的布局，提示放置在第一行字段上边，数字靠右，其他靠左，并分别距离字段边缘 0.05。以 ORDER_NUMBER 为例，设置如下图所示（可以按住 Ctrl 键一起选中，然后一次性设置）。

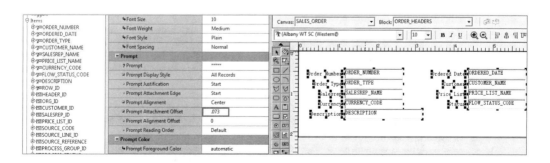

2.6.12 设置 Window 属性

设置 Window: SALES_ORDER 的 Primary Canvas 为"SALES_ORDER",该 Window
的大小将自动调整为 Content Canvas 的大小,如下图所示。

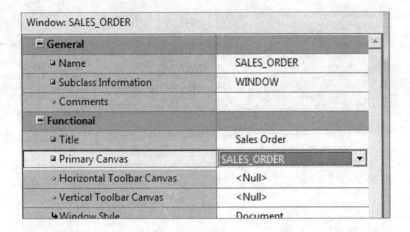

2.6.13 设置 Form 属性

设置 Form 的第一个导航块为 ORDER_HEADERS,这样运行时,一进入 Form,光
标将停在该块的第一个字段上,如下图所示。

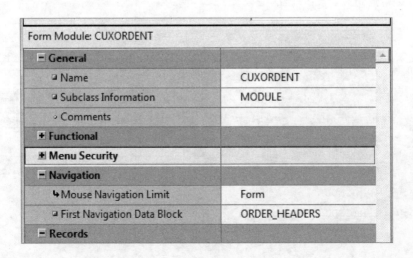

2.7 案例：编写数据库操作触发器

2.7.1 编写数据库操作 Program Unit

该 Program Unit 主要用来调用之前步骤创建的数据库 API "cux_order_headers_pkg"。

选中对象管理器中的 Program Unit，单击左边的"+"号，在弹出的对话框中选择 Package Spec 类型，在 Name 文本框中输入 ORDER_HEADERS_PRIVATE，如下图所示。

单击 OK 按钮后，输入如下包头代码：

```
PACKAGE ORDER_HEADERS_PRIVATE IS

    PROCEDURE insert_row;
    PROCEDURE lock_row;
    PROCEDURE update_row;
```

```
        PROCEDURE delete_row;

END ORDER_HEADERS_PRIVATE;
```

同创建包 Spec，选择 Package Body 类型，单击 OK 按钮后输入如下包体代码，注意块字段值的引用格式 ":块名.字段名"：

```
PACKAGE BODY ORDER_HEADERS_PRIVATE IS

  /*=====================================
  ** PROCEDURE:  insert_row()
  **=====================================*/
  PROCEDURE insert_row IS

  BEGIN

    fnd_standard.set_who;

    IF :order_headers.header_id IS NULL THEN
      SELECT CUX_ORDER_HEADERS_S.NEXTVAL
        INTO :order_headers.header_id
        FROM DUAL;
    END IF;

    cux_order_headers_pkg.insert_row (
      x_row_id => :order_headers.ROW_ID,
      x_header_id => :order_headers.header_id,
      p_org_id => name_in('order_headers.org_id'),
      p_order_number => name_in('order_headers.order_number'),
      p_ordered_date => name_in('order_headers.ordered_date'),
      p_order_type => name_in('order_headers.order_type'),
      p_customer_id => name_in('order_headers.customer_id'),
      p_salesrep_id => name_in('order_headers.salesrep_id'),
      p_price_list_id => name_in('order_headers.price_list_id'),
      p_currency_code => name_in('order_headers.currency_code'),
      p_flow_status_code => name_in('order_headers.flow_status_code'),
```

```
        p_description => name_in('order_headers.description'),
        p_source_code => name_in('order_headers.source_code'),
        p_source_line_id => name_in('order_headers.source_line_id'),
        p_source_reference => name_in('order_headers.source_reference'),
        p_process_group_id => name_in('order_headers.process_group_id'),
        p_process_status => name_in('order_headers.process_status'),
        p_process_date => name_in('order_headers.process_date'),
        p_process_message => name_in('order_headers.process_message'),
        p_creation_date => name_in('order_headers.creation_date'),
        p_created_by => name_in('order_headers.created_by'),
        p_last_updated_by => name_in('order_headers.last_updated_by'),
        p_last_update_date => name_in('order_headers.last_update_date'),
        p_last_update_login => name_in('order_headers.last_update_login'),
        p_program_application_id => name_in('order_headers.program_
application_id'),
        p_program_id => name_in('order_headers.program_id'),
        p_program_update_date => name_in('order_headers.program_update_
date'),
        p_request_id => name_in('order_headers.request_id'),
        p_attribute_category => name_in('order_headers.attribute_category'),
        p_attribute1 => name_in('order_headers.attribute1'),
        p_attribute2 => name_in('order_headers.attribute2'),
        p_attribute3 => name_in('order_headers.attribute3'),
        p_attribute4 => name_in('order_headers.attribute4'),
        p_attribute5 => name_in('order_headers.attribute5'),
        p_attribute6 => name_in('order_headers.attribute6'),
        p_attribute7 => name_in('order_headers.attribute7'),
        p_attribute8 => name_in('order_headers.attribute8'),
        p_attribute9 => name_in('order_headers.attribute9'),
        p_attribute10 => name_in('order_headers.attribute10'),
        p_attribute11 => name_in('order_headers.attribute11'),
        p_attribute12 => name_in('order_headers.attribute12'),
        p_attribute13 => name_in('order_headers.attribute13'),
        p_attribute14 => name_in('order_headers.attribute14'),
        p_attribute15 => name_in('order_headers.attribute15')
```

```
        );
    END insert_row;


    /*=======================================
    ** PROCEDURE:  lock_row()
    **=====================================*/
    PROCEDURE lock_row IS

      i NUMBER := 0;
    BEGIN

      LOOP
        BEGIN
        i := i + 1;
        cux_order_headers_pkg.lock_row(
        p_header_id => name_in('order_headers.header_id'),
        p_org_id => name_in('order_headers.org_id'),
        p_order_number => name_in('order_headers.order_number'),
        p_ordered_date => name_in('order_headers.ordered_date'),
        p_order_type => name_in('order_headers.order_type'),
        p_customer_id => name_in('order_headers.customer_id'),
        p_salesrep_id => name_in('order_headers.salesrep_id'),
        p_price_list_id => name_in('order_headers.price_list_id'),
        p_currency_code => name_in('order_headers.currency_code'),
        p_flow_status_code => name_in('order_headers.flow_status_code'),
        p_description => name_in('order_headers.description'),
        p_source_code => name_in('order_headers.source_code'),
        p_source_line_id => name_in('order_headers.source_line_id'),
        p_source_reference => name_in('order_headers.source_reference'),
        p_process_group_id => name_in('order_headers.process_group_id'),
        p_process_status => name_in('order_headers.process_status'),
        p_process_date => name_in('order_headers.process_date'),
        p_process_message => name_in('order_headers.process_message'),
            p_program_application_id => name_in('order_headers.program_
application_id'),
```

```
        p_program_id => name_in('order_headers.program_id'),
        p_program_update_date => name_in('order_headers.program_update_
date'),
        p_request_id => name_in('order_headers.request_id'),
        p_attribute_category => name_in('order_headers.attribute_category'),
        p_attribute1 => name_in('order_headers.attribute1'),
        p_attribute2 => name_in('order_headers.attribute2'),
        p_attribute3 => name_in('order_headers.attribute3'),
        p_attribute4 => name_in('order_headers.attribute4'),
        p_attribute5 => name_in('order_headers.attribute5'),
        p_attribute6 => name_in('order_headers.attribute6'),
        p_attribute7 => name_in('order_headers.attribute7'),
        p_attribute8 => name_in('order_headers.attribute8'),
        p_attribute9 => name_in('order_headers.attribute9'),
        p_attribute10 => name_in('order_headers.attribute10'),
        p_attribute11 => name_in('order_headers.attribute11'),
        p_attribute12 => name_in('order_headers.attribute12'),
        p_attribute13 => name_in('order_headers.attribute13'),
        p_attribute14 => name_in('order_headers.attribute14'),
        p_attribute15 => name_in('order_headers.attribute15')
        );
      RETURN;
    EXCEPTION
      WHEN app_exception.record_lock_exception THEN
        app_exception.record_lock_error(i);
    END;
  END LOOP;

END lock_row;


/*======================================
** PROCEDURE:  update_row()
**======================================*/
PROCEDURE update_row IS
BEGIN
```

```
fnd_standard.set_who;

cux_order_headers_pkg.update_row(
    p_header_id => name_in('order_headers.header_id'),
    p_org_id => name_in('order_headers.org_id'),
    p_order_number => name_in('order_headers.order_number'),
    p_ordered_date => name_in('order_headers.ordered_date'),
    p_order_type => name_in('order_headers.order_type'),
    p_customer_id => name_in('order_headers.customer_id'),
    p_salesrep_id => name_in('order_headers.salesrep_id'),
    p_price_list_id => name_in('order_headers.price_list_id'),
    p_currency_code => name_in('order_headers.currency_code'),
    p_flow_status_code => name_in('order_headers.flow_status_code'),
    p_description => name_in('order_headers.description'),
    p_source_code => name_in('order_headers.source_code'),
    p_source_line_id => name_in('order_headers.source_line_id'),
    p_source_reference => name_in('order_headers.source_reference'),
    p_process_group_id => name_in('order_headers.process_group_id'),
    p_process_status => name_in('order_headers.process_status'),
    p_process_date => name_in('order_headers.process_date'),
    p_process_message => name_in('order_headers.process_message'),
    p_last_updated_by => name_in('order_headers.last_updated_by'),
    p_last_update_date => name_in('order_headers.last_update_date'),
    p_last_update_login => name_in('order_headers.last_update_login'),
    p_program_application_id => name_in('order_headers.program_
application_id'),
    p_program_id => name_in('order_headers.program_id'),
    p_program_update_date => name_in('order_headers.program_update_
date'),
    p_request_id => name_in('order_headers.request_id'),
    p_attribute_category => name_in('order_headers.attribute_category'),
    p_attribute1 => name_in('order_headers.attribute1'),
    p_attribute2 => name_in('order_headers.attribute2'),
    p_attribute3 => name_in('order_headers.attribute3'),
```

```
        p_attribute4 => name_in('order_headers.attribute4'),
        p_attribute5 => name_in('order_headers.attribute5'),
        p_attribute6 => name_in('order_headers.attribute6'),
        p_attribute7 => name_in('order_headers.attribute7'),
        p_attribute8 => name_in('order_headers.attribute8'),
        p_attribute9 => name_in('order_headers.attribute9'),
        p_attribute10 => name_in('order_headers.attribute10'),
        p_attribute11 => name_in('order_headers.attribute11'),
        p_attribute12 => name_in('order_headers.attribute12'),
        p_attribute13 => name_in('order_headers.attribute13'),
        p_attribute14 => name_in('order_headers.attribute14'),
        p_attribute15 => name_in('order_headers.attribute15')
        );
END update_row;


    /*====================================
    ** PROCEDURE:   delete_row()
    **====================================*/
PROCEDURE delete_row IS
BEGIN

  cux_order_headers_pkg.delete_row(
     p_header_id => name_in('order_headers.header_id')
     );
END delete_row;


END ORDER_HEADERS_PRIVATE;
```

　单击 PL/SQL Editor 窗口顶部的 Compile 按钮，必须保证没有错误，如下图所示。

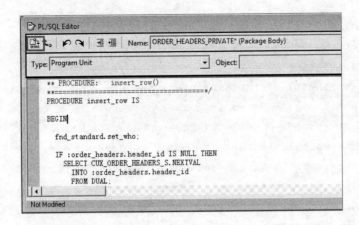

2.7.2 编写数据库块 ON-触发器

选中 Block "ORDER_HEADERS" 下的 Triggers，单击左边的 "+" 号，在弹出的
对话框中选择 ON-INSERT 触发器，如下图所示。

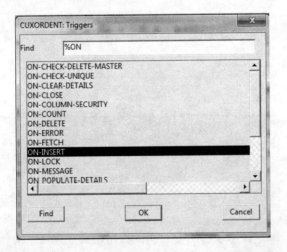

单击 OK 按钮后输入如下代码：

```
ORDER_HEADERS_PRIVATE.insert_row;
```

同样的操作，分别创建 ON-LOCK、ON-UPDATE、ON-DELETE 触发器后添加如
下对应代码：

```
ORDER_HEADERS_PRIVATE.lock_row;
ORDER_HEADERS_PRIVATE.update_row;
ORDER_HEADERS_PRIVATE.delete_row;
```

说明：对于基于非单表视图的 Block 来说，这里的 4 个触发器是必须要写的，具体代码可以直接写在触发器内，但为了模块化管理和今后维护方便，这里分为三层调用，触发器中调用 Program Unit 的过程，Program Unit 中调用数据库 Package 的过程。

2.8　案例：上传和编译

上传和编译的步骤如下。

（1）以应用 OS 用户用 Telnet 工具登录服务器，使用如下命令获得要上传的路径：

```
echo $CUX_TOP/forms/US
```

例如，得到：

```
/home/DEV/app/fs2/EBSapps/appl/cux/12.0.0/forms/US
```

如下图所示。

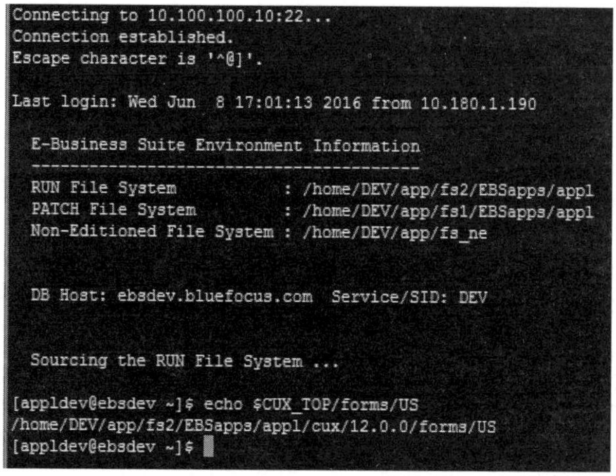

（2）以应用 OS 用户用 FTP 工具登录服务器，将 CUXORDENT.fmb 以二进制方式上传到步骤（1）中得到的路径下，如下图所示。

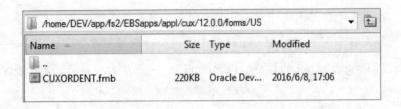

（3）回到 Telnet 工具，使用如下命令，必须进入 Form 源文件目录：

```
cd $AU_TOP/forms/US
```

（4）编译 Form 的命令如下，第一个用于 EBS11i（6i 版本），第二个用于 EBS R12（10g 版本）：

```
f60gen $CUX_TOP/forms/US/CUXORDENT apps/password output_file=$CUX_TOP/
forms/US/CUXORDENT
frmcmp_batch  $CUX_TOP/forms/US/CUXORDENT  apps/password  output_file=
$CUX_TOP/forms/US/CUXORDENT
```

注意：EBS 系统运行 Form 的时候会根据系统语言环境设置去读取对应语言 Form 目录下的可执行文件。例如，本书示例编译命令在 US 目录下生成可执行文件，系统从英文环境运行 Form 可以打开 Form，但是从中文环境运行则会报错找不到对应的 fmx 文件。

成功编译的话，最后一行将显示：

```
Created form file /home/DEV/app/fs2/EBSapps/appl/cux/12.0.0/forms/US/
CUXORDENT.fmx
```

注意：Window 版本的 EBS，直接在客户端 Forms Builder 中按【Ctrl+R】快捷键，肯定无法直接运行，需要我们不断地按【Esc】键取消运行时的错误信息（非编译错误），将生成的 fmx 文件直接复制到服务器的 %CUX_TOP%/forms/US 目录下。此外，不建议在本地编译 Form，其一保证字符集与服务器字符集一致，避免显示乱码；其二本地编译会加载 PLL 库至 Form 文件里导致 Form 文件变大。

2.9　案例：在 EBS 中注册运行

2.9.1　登录 EBS

用至少需要有 Application Developer 职责的用户登录，比如 Sysadmin 用户，然后选择 Application Developer 职责。

2.9.2　注册 Form

路径：Application Developer/Application/Form。

定义的 Form、源文件中 Form 的名字、文件名三者要一致，这里是 CUXORDENT；选择合适的 Application，通常用企业的客户化应用，这里是 CUX Customization Application；User Form Name 可以输入一个友好的名字，建议直接用 Form 的名字，如下图所示。

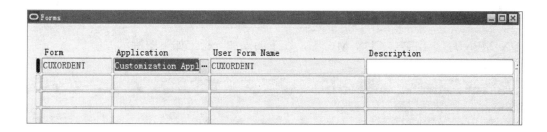

2.9.3　定义 Function

路径：Application Developer/Application/Function。

输入 Function 的名字和 Form 的名字一致，输入一个友好的名字 CUX Sales Order，如下图所示。

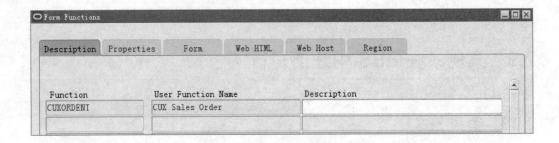

切换到 Form 选项卡，选择刚才定义的 Form 后按【Ctrl+S】快捷键保存，如下图所示。

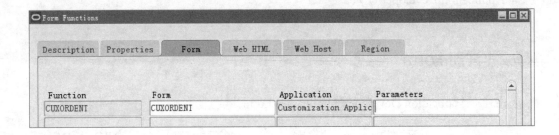

2.9.4 加入 Menu

路径：Application Developer/Application/Menu。

本文我们用 CUX Customized Super User 职责进行测试，该职责对应的菜单为 CUX_MENU。查出菜单 CUX_MENU，在下面添加一行，如下图所示。

2.9.5　运行 Form

切换到 CUX Customized Super User 职责，选择 Sales Order 菜单，可以看到做好的
Form，如下图所示。

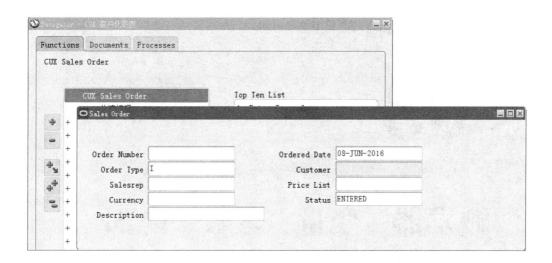

因为两个隐藏的必需字段暂时没有赋值，而是给了无意义的默认值 0，其他可见字
段也未做任何有效性控制，所以目前该 Form 还不能进行实际数据录入操作，不过还是
可以测试打开、字段导航、录入记录、保存记录、关闭等正常操作；但查询记录、修改
记录则无法测试，暂时只能用 SQL 直接从表 cux_order_headers_all 中查看。

字段导航：运行时按【Tab】键或按【Shift+Tab】快捷键可以在字段间导航，默认
情况下，导航的顺序与开发时块中 Item 的排列顺序一致（并非和布局中的顺序一致）；
可以设置 Item 的属性 Keyboard Navigable 为 No 来禁止键盘导航，也可以设置
Previous/Next Navigation Item 来强制改变前后导航顺序。

截至目前，本例为本书最简单、最重要的 Form 实例，读者必须保证能够自己做出
来。本书也没有面面俱到地详细介绍，还需要读者耐心领会。

触发器、变量、参数、内部子程序

3.1　触发器

3.1.1　触发器的定义

触发器（Trigger）是 Form 中的对象，它因为某个事件被执行或触发而引起，触发器实际上是一段 PL/SQL 代码块。前面我们不用编写触发器就能发生功能强大的 Form 应用模块，这些默认模块能检索、增加、删除或改变数据库记录，但我们常常需要编写触发器代码块以增加或修改 Form 的默认功能。

3.1.2　触发器的类型

触发器类型定义了引起触发器被触发的特定事件。Form 中大约有 100 个不同的内部触发器，每个触发器都有特定的名字，触发器的名字决定了它的类型，所有触发器都与一个特定事件相联系，它们的名字常常包含一个或多个连接符"-"。例如触发器 WHEN-BUTTON-PRESSED，表示当一个按钮被按下时这个触发器被触发。Form 不但支持标准的内部触发器，也支持用户定义的触发器。Form 的应用开发者可以根据需要开发自己的触发器，一般情况下，它在被另一个触发器调用时触发。提供用户命名的触发器主要是为了兼容 Form 的早期版本。

3.1.3　触发器中的代码

触发器代码定义了触发器被触发时所完成的动作，它是用 PL/SQL 编辑器编写的 PL/SQL 过程体。触发器代码中可以使用以下一些语句：

（1）标准的 PL/SQL 结构，如赋值、控制语句等。

（2）在 PL/SQL 块中使用合法的 SQL 语句。

（3）调用 Form、库（Library）中的命名子程序或数据库中的存储过程和函数。

（4）调用 Oracle Developer 的内部程序和封装子程序。

编写触发器代码时需要注意以下两点：

（1）INSERT、UPDATE 和 DELETE 语句必须放在事务性触发器中，这些触发器在保存数据到数据库时被触发。

（2）事务控制语句（COMMIT、ROLLBACK、SAVEPOINT）不能直接包含在触发器的 SQL 语句中，这些动作由 Form 根据用户发出的命令和内部过程来执行。

3.1.4　触发器的作用范围

触发器的作用范围由它在 Form 对象层次中所处的位置决定，即它属于哪种对象的触发器，在哪种对象下创建的。

根据 Form 对象的不同，触发器可分为以下三种。

（1）Form 级触发器：该类触发器属于 Form，由整个 Form 内的事件触发，它对整个 Form 都有效。

（2）块（Block）级触发器：该类触发器属于块，仅当该块是当前块时才能被事件触发。

（3）项（Item）级触发器：该类触发器属于项，仅当该项是当前项时才能被事件触发。

3.1.5　触发器事件

某些触发器系统无法定义属于某一级，如 POST-QUERY 触发器就不能定义在项级，因为它在全部受限制块被查询时都会被触发。

在 Form 中，根据触发事件发生的时机，可以将触发事件分为以下几类。

- 进入（Enter）：光标进入某个特定的区域，如 Form、块或项。

- 退出（Exit）：光标退出某个特定的区域。

- 查询（Query）：在查询记录之前或之后。

- 修改（Changed）：在改变一个数值之前或向数据库中提交、插入、修改、删除之前或之后。

- 按键（Key）：按下了某功能键。

触发器类型可以根据前缀判断，各前缀的意义如下表所示。

前　　缀	意　　义
PRE	在某个动作发生前的事件所触发的触发器
POST	在某个动作发生后所触发的触发器
WHEN	在某个动作发生时所触发的触发器
ON	代替标准操作而触发的触发器
KEY	代替标准键而触发的触发器

3.1.6　常用触发器

Form 中根据触发器的功能分类，常用触发器的作用如下表所示，更多触发器参考附录 A。

功能分类	触　发　器	触发器的作用
块级触发器	WHEN-CREATE-RECORD	当 Form 试图在块里创建一个新记录时被触发
	WHEN-CLEAR-RECORD	当 Form 刷新当前块时被触发
对象初始化触发器	WHEN-NEW-FORM-INSTANCE	在 Form 开始运行时被触发

续表

功能分类	触发器	触发器的作用
对象初始化触发器	WHEN-NEW-BLOCK-INSTANCE	当焦点从一个块的某项移动到另一个块的某项时被触发
	WHEN-NEW-ITEM-INSTANCE	当输入焦点移动到一个项时被触发
界面事件触发器	WHEN-BUTTON-PRESSED	当按钮按下时被触发
	WHEN-CHECKBOX-CHANGED	当复选框的状态改变时被触发
	WHEN-IMAGE-PRESSED	当图像被单击或双击时被触发
	WHEN-RADIO-CHANGED	当单选按钮发生改变时被触发
	WHEN-WINDOW-ACTIVATED	当窗口激活时被触发
	WHEN-WINDOW-CLOSED	当窗口关闭时被触发
主从联系触发器	ON-CHECK-DELETE-MASTER	当删除主块记录时被触发
	ON-POPULATE-DETAILS	当保持主块与从块记录同步而从数据库中取记录到从块时被触发
	PRE-DELETE-MASTER	当企图删除主块记录时被触发
	ON-CLEAR-DETAILS	当 Form 需要清除从块时被触发，以便与主块记录保持一致
	ON-UPDATE-DETAILS	当修改从块记录时被触发
消息触发器	ON-ERROR	用自己定义的错误消息代替系统默认的错误信息
	ON MESSAGE	用自己定义的信息代替系统信息
导航触发器	PRE/POST-FORM	当 Form 导航到某个 Form 之前/后被触发
	PRE/POST-BLOCK	当 Form 导航到某个块之前/后被触发
	PRE/POST-RECORD	当 Form 导航到某个记录之前/后被触发
	PRE/POST-ITEM	当 Form 导航到某个项之前/后被触发
查询触发器	PRE-QUERY	定义在 Form 级或块级，当 Form 进入查询模式（:system_mode = enter-query）后执行查询时被触发

续表

功能分类	触 发 器	触发器的作用
查询触发器	POST-QUERY	定义在 Form 级或块级，当 Form 每取一条记录到块中时被触发。每条记录仅在首次被取出时才被触发，以后滚动查看记录时不再触发，它最常用的目的是统计检索到记录，必要时还可赋值给非基表项
事务触发器	PRE/ON/POST-INSERT	当执行插入之前/时/后被触发
	PRE/ON/POST-DELETE	当执行删除之前/时/后被触发
	PRE/ON/POST-UPDATE	当执行更新之前/时/后被触发
	ON-LOCK	当执行锁定记录时被触发
	PRE/POST-COMMIT	当执行提交之前/后被触发
检验触发器	WHEN-VALIDATE-ITEM	当 Form 检验到某个项标志为"改变（Changed）"时被触发
	WHEN-VALIDATE-RECORD	当 Form 检验到某条记录标志为"改变（Changed）"时被触发

　　说明：对于主从联系触发器，一旦选定主从关系，且为非孤立（Non_Isolated）主从关系时，则 Form 会自动为应用建立 ON-CHECK-DELETE-MASTER 和 ON-POPULATE-DETAILS 两个触发器，它们是 Form 级的触发器。若为级联（Cascading）主从关系时，则 Form 会自动创建 PRE-DELETE-MASTER 和 ON-CLEAR-DETAILS 两个触发器。

3.2　变量

3.2.1　Form 变量

　　Form 变量的变量类型由 Form 决定。它们被 PL/SQL 视为外部变量，引用它们时需要在它们的前面加上一个 "："前缀，以区分 PL/SQL 变量，除非它们的名字被作为字符串传递给一个子过程。Form 变量不需要在声明（DECLARE）段说明，且被保存在 PL/SQL 块外。

Form 变量的类型、作用范围、用途及使用方法如下表所示。

变量类型	作用范围	用　途	使用方法
项	当前 Form 及相连菜单	与操作者交互和显示	:块名.项名
全局变量	当前会话的所有模块	会话范围内的字符数据存储	:GLOBAL.变量名
系统变量	当前 Form 及相连菜单	Form 状态和控制	:SYSTEM.变量名
参数	当前模块	传入值给模块和传入模块的值	:PARAMETER.参数名

3.2.2　PL/SQL 变量

PL/SQL 变量需要在声明段说明，一直到所定义块结尾有效，不需要冒号前缀。如果被定义在一个 PL/SQL 包里，那么该变量可被所有存取该包的触发器引用。可使用 PL/SQL 变量存储在触发器中被频繁引用的值。这比频繁引用 Form 变量更有效，因为 Form 变量需要定位于 PL/SQL 块外。

3.2.3　Form 系统变量

使用系统变量主要是用来返回当前 Form 模块、块或项的状态。另外，在编写源代码时使用系统变量可避免将对象名字直接写进去，从而易于维护源码。

常用系统变量及用途如下表所示，更多系统变量参考附录 B。

系统变量分类	系统变量	用　途
定位当前输入焦点的系统变量	SYSTEM.CURSOR_ITEM	确定哪个项获得了当前的输入焦点
	SYSTEM.CURSOR_RECORD	确定哪条记录获得了当前的输入焦点
	SYSTEM.CURSOR_BLOCK	确定哪个块获得了当前的输入焦点
	SYSTEM.CURSOR_VALUE	确定获得当前输入焦点的项的值

系统变量分类	系统变量	用　途
定位触发器焦点的系统变量	SYSTEM.TRIGGER_ITEM	确定触发器首先触发输入焦点时所在的块和项
	SYSTEM.TRIGGER_RECORD	确定 Form 正在处理的记录
	SYSTEM.TRIGGER_BLOCK	确定触发器首先输入焦点所在的块
检测 Form 当前状态的系统变量	SYSTEM.RECORD_STATUS	确定当前记录状态。有四种返回值：CHANGED 表示记录从数据库取来，并且该记录的至少一个基表列被更新；INSERT 表示给一个非取自数据库记录的基表项输入了值；NEW 表示还没有输入任何值到记录的基表项；QUERY 表示记录从数据库中被取来，但该记录上的基表项没有被更新
	SYSTEM.BLOCK_STATUS	确定当前块的状态，有三种返回值：CHANGED 表示当前块至少包含一条状态为 CHANGED 或 INSERT 的记录；NEW 表示当前块仅包含 NEW 记录；QUERY 表示当前块仅包含 QUERY 记录
	SYSTEM.FORM_STATUS	确定当前的 Form 状态，有三种返回值：CHANGED 表示当前 Form 至少包含一条状态为 CHANGED 或 INSERT 的记录；NEW 表示当前 Form 仅包含 NEW 记录；QUERY 表示当前 Form 仅包含 QUERY 记录

3.3　参数

3.3.1　Parameter 参数

Parameter 是 Form 级参数，外部程序在调用 Form 时，也可传递具体的参数值，从而达到对 Form 的某种控制；如果不考虑外部程序传递，完全可以创建一个不基于数据库、字段不显示的特殊块来替代 Parameter 参数，实际工作中也经常如此。不过这里仍然采用 Parameter 参数。

3.3.2 创建 Parameter 参数

选中对象浏览器中的 Parameters，然后单击左边工具栏中的"+"号新增 Parameter 参数，并重命名为需要定义的名称，然后设置类型，子类不用设置。

例如：本书开发实例销售订单 Form CUXORDENT.fmb，新增 Parameter 参数，并重命名为 ORG_ID，类型设置为 Number，如下图所示。

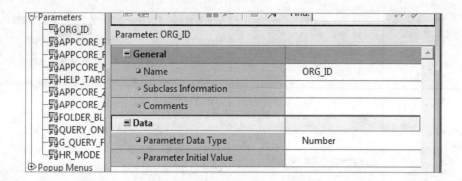

3.3.3 初始化 Parameter 参数

通常对 Parameter 参数的初始化需要在 Form 级触发器 Pre-Form 中完成。

例如：本书开发实例销售订单 Form CUXORDENT.fmb，根据当前用户的 Profile 来取得其对应的 OU。追加的 Pre-Form 代码如下：

```
:parameter.org_id := fnd_profile.value('ORG_ID');
```

说明：Profile 翻译为预制文件，它是特殊的系统参数，说它特殊，是因为其可以设置在不同的层面上，优先级从高到低主要为：用户、职责、应用、系统。

3.3.4 使用 Parameter 参数

Parameter 参数可以在 PL/SQL 程序中直接使用或者在 Item 属性中引用。

例如：本书开发实例销售订单 Form CUXORDENT.fmb，使用参数给 ORDER_HEADERS 块的 ORG_ID 字段赋初始值，如下图所示。

3.4　内部子程序

3.4.1　内部子程序的定义

内部子程序（Build-in Subprograms）是 Form 提供的预定义函数或过程，用于处理许多预定义的功能。

与其他 Oracle Developer 工具一样，作为集成开发环境的一部分，Form 提供了一组预定义的子程序，这些子程序定义在内部包里，用户可以像调用自己编写的子程序（用户命名子程序）一样调用这些内部子程序，也就是作为一个过程或函数进行调用。

Form 中包含以下两种内部子程序包。

- 标准扩展包：这些内部过程集成为标准的 PL/SQL 命令集，可以直接调用它们，不用写包前缀，大约有 100 多个标准内部过程可以被调用。

- 其他包：其他包里的子程序提供与特定支持特性（如 DDE 和 OLE2）相关的功能，当调用它们时需要用包名作前缀。

在对象导航器的内建程序包（Built-in Packages）节点下可看到有关的包和它们的内容，如下图所示。

```
▽  Built-in Packages
  ⊕  ⊞STANDARD Extensions
  ⊕  ⊞FBEAN (Package Spec)
  ⊕  ⊞FTREE (Package Spec)
  ⊕  ⊞WEB (Package Spec)
  ⊕  ⊞ORA_JAVA (Package Spec)
  ⊕  ⊞EXEC_SQL (Package Spec)
  ⊕  ⊞ORA_FFI (Package Spec)
  ⊕  ⊞ORA_PROF (Package Spec)
  ⊕  ⊞ORA_NLS (Package Spec)
  ⊕  ⊞TOOL_RES (Package Spec)
  ⊕  ⊞TOOL_ENV (Package Spec)
  ⊕  ⊞TEXT_IO (Package Spec)
  ⊕  ⊞TOOL_ERR (Package Spec)
  ⊕  ⊞OLE2 (Package Spec)
  ⊕  ⊞DDE (Package Spec)
  ⊕  ⊞DEBUG (Package Spec)
  ▽  ⊞STANDARD (Package Spec)
     —  SYS$DSINTERVALSUBTRACT (LEFT IN TIMI
     —  SYS$DSINTERVALSUBTRACT (LEFT IN TIMI
     —  SYS$DSINTERVALSUBTRACT (LEFT IN DAT
```

子程序或者是一个过程或者是一个函数，调用内部子程序有以下两种不同的方式。

- 内部过程（Build-in Subprograms）：在触发器或程序单元中与合适的（必须有）参数一起作为一条完整语句被调用。

- 内部函数（Build-in Functions）：在触发器或程序单元中作为一条语句的一部分使用，函数一般都有返回值。当然，函数调用必须包含完整的参数。

3.4.2   使用内部子程序

在任何触发器或使用 PL/SQL 的用户子程序中都可使用内部子程序，然而，某些内部子程序提供的功能不允许在某些类触发器中使用，因此内部子程序被分为如下两组。

- 未受限内部子程序：任何触发器或其他子程序都可以调用的内部子程序。

- 受限内部子程序：仅允许受限子程序中的触发器进行调用。

3.4.3　常用内部子程序

触发器 PL/SQL 代码中可用的内部子程序很多，常用内部子程序的类型和功能如下表所示，更多内部子程序可参考附录 C 或者在线帮助。

内部子程序	类型	功　能
GO_ITEM	过程	导航到特定项
GO_BLOCK	过程	导航到特定块
EXECUTE_QUERY	过程	执行查询，同菜单 Query 中 Execute 命令的功能
ADD_LIST_ELEMENT	过程	给列表项增加一个元素
DELETE_LIST_ELEMENT	过程	从列表项删除一个元素
SET_ITEM_PROPERTY	过程	设置一个项的指定属性
EXIT_FORM	过程	退出当前 Form
HIDE_VIEW	过程	隐藏画布
SHOW_VIEW	过程	显示画布

CHAPTER

04

List、LOV、字段和记录控制、日历

4.1　案例：List 值列表

4.1.1　关于 List

List 是一种特殊的 Item，显示一组预定义的选择项，其中每个选择项对应一个特定数据值，运行时可以使用列表项选择一个值。列表中的选择项是相互排斥的，一次只能选择一个选择项。

List 值包含两部分：后台存储的 Value 和前台显示的含义。

List 字段会直接显示一个下拉列表框，用户必须使用下拉列表框选择该字段的值，不能自己输入。

设置列表项的值可以使用以下几种方法：

（1）用户选择列表项的一个值。

（2）用户输入不在列表项中的值。

（3）使用设计列表项时所设置的初始值。

（4）通过程序控制列表项的值。

4.1.2　创建 List

可以通过以下几种方法创建一个列表项：

（1）使用布局编辑器中的列表项（List Item）工具创建列表项。

（2）在对象导航器中使用创建工具创建列表项。

（3）将一个已存在项转换为列表项。

本文实例使用"将一个已存在项转换为列表项"来完成创建，选中 Item，这里是

ORDER_HEADERS 块的 ORDER_TYPE 字段，把子类改为 List，单击 Elements in List
输入值列表：

后台存储的 Value	前台显示的含义
I	Internal
R	External

操作过程如下图所示。

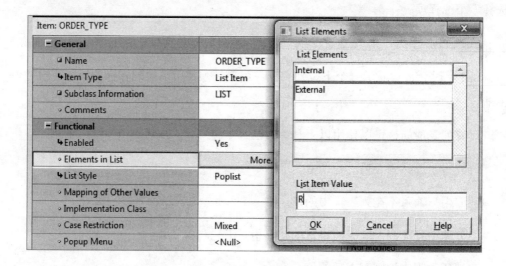

说明：Mapping of Other Values 属性的意思是，如果从数据库中读出来的数据不在
这个列表内（本例是 I 和 E），那么要映射为 I 或是 E，如果不映射，那么该条记录将无
法在 Form 中显示出来，表现出来的现象就是"数据库和 View 中明明有，界面却看不到"。

对 ORDER_HEADERS 块的 FLOW_STATUS_CODE 字段，将子类也改为 List，
值列表为：

后台存储的 Value	前台显示的含义
ENTERED	Entered
BOOKED	Booked

续表

后台存储的 Value	前台显示的含义
PARTIAL	Partial
COMPLETE	Complete

4.1.3　删除 List 条目

List 中的条目，只要鼠标一点就自动生成，可以按【Shift+Ctrl+<】快捷键删除。

4.1.4　运行实例

上传编译后的运行效果如下图所示。

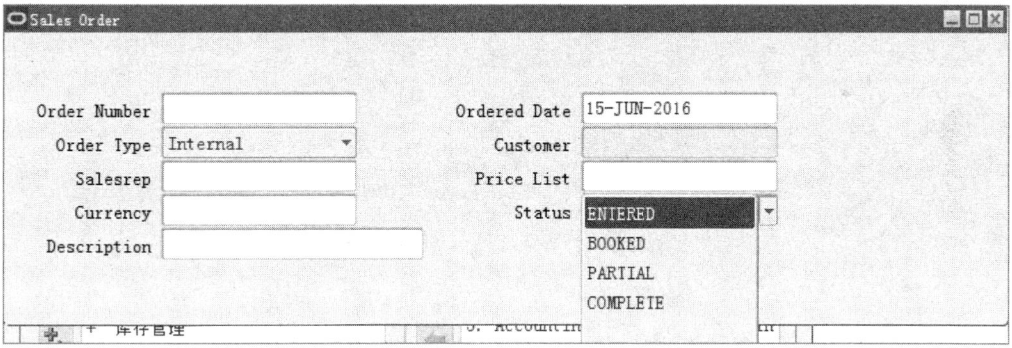

4.1.5　列表风格 List Style

在 Oracle Form 中有三种列表风格：

弹出列表（PopList），在该项右端有一个图标按钮，单击该图标时，显示所有列表元素，如 4.1.4 节中实例所示。

文本列表（TList），在该项右端有一个滚动条，使用滚动条可看到所有列表元素，如下图所示。

组合框（Combo Box），显示的形式与弹出列表一样，不同的是，这种列表项允许用户输入，如下图所示。

4.2　案例：LOV 窗口式值列表

4.2.1　关于 LOV

LOV（List of Value）是窗口式值列表，用来限制字段的值在某一范围内，这个范围在 Form 中用"记录组"来表示，而记录组通常来源于数据库的表；虽然也有类似 List

的静态记录组，但很少使用。

LOV 不是特殊的 Item，Item 本身通常还是 Text Item，LOV 仅是 Item 的一个属性，设有 LOV 的 Item，光标进入到该 Item 后才会显示一个 "..." 按钮。

LOV 的值与 List 不同，其可以有多列，而 List 在用户看来只有 1 列。

List 的值直接就是 Item 的值，而 LOV 不同，它的每列都可以指定一个目标，也就是每列都可以返回给任何一个 Item，而不是仅返回给设有 LOV 属性的 Item。

LOV 的验证采用 "可见" 的第一列，也就是用户可以自己输入，只要输入的值在第一列中即可；如果用户输入的值可匹配到多个值，那么将自动弹出 LOV 供用户选择，如果只匹配到一个，就不再弹出 LOV，达到自动选择了。

LOV 也可以不验证，用户可以随便输入，这个一般用在特殊用途，比如日期、弹性域，或者其他特殊业务需求。

不管是自动选择还是手动选择，只有 "选择" 了，才会触发 LOV 中各列的值返回给对应的目标 Item；而不验证的 LOV 就要注意了，因为其可能没有经过 "选择" 这一步。

LOV 还有个麻烦的问题，如果清空了 Item 的值，因为空值不触发验证，这样之前返回到各个目标 Item 上的值并没有自动被清空，需要编写代码处理。

4.2.2　创建 LOV

在对象浏览器中（最好是在要设置 LOV 的 Item 上，这里是 CUSTOMER_NAME）右击，在弹出的快捷菜单中选择 LOV Wizard 命令，弹出 LOV Wizard 对话框。

选择 New Record Group based on a query 单选按钮，单击 "Next（下一步）" 按钮，如下图所示。

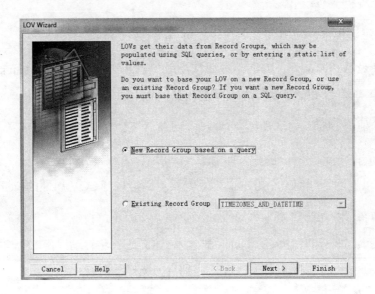

输入如下查询 SQL 语句，单击"Next（下一步）"按钮，如下图所示。

```
SELECT cust.customer_id,
       cust.customer_name,
       cust.customer_number,
       cust.customer_type
  FROM apps.ar_customers cust
```

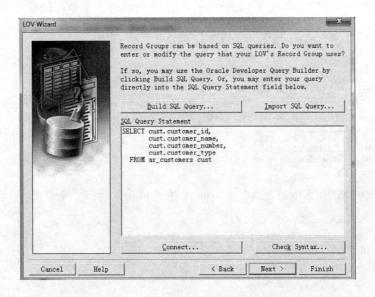

在 Record Group Columns 中选择所有项，单击"Next（下一步）"按钮，如下图所示。

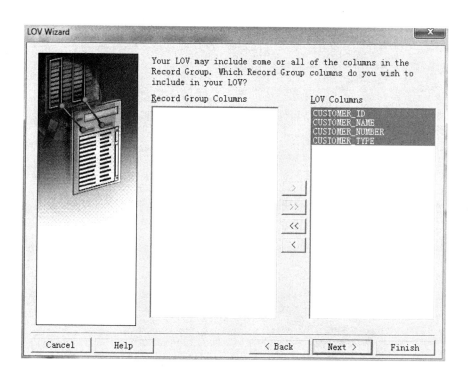

设置显示的列名、列框、返回值（见下表），单击"Next（下一步）"按钮，如下图所示。

数据库字段（Column）	列名（Title）	宽（Width）	返回值（Return Value）
CUSTOMER_ID		0	ORDER_HEADERS.CUSTOMER_ID
CUSTOMER_NAME	Customer_Name	3	ORDER_HEADERS.CUSTOMER_NAME
CUSTOMER_NUMBER	Customer_Number	1	
CUSTOMER_TYPE	Customer_Type	1	ORDER_HEADERS.ORDER_TYPE

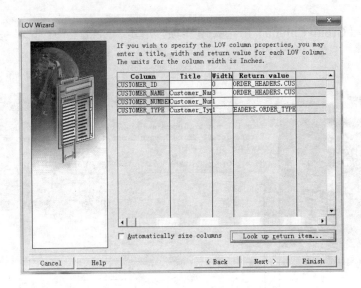

输入 LOV 窗口标题 Customers，更改显示宽度，单击"Next（下一步）"按钮，如下图所示。

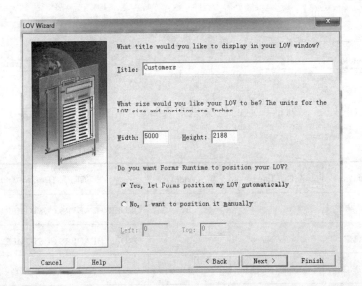

修改检索数量（可以跳过，选择默认），单击"Next（下一步）"按钮。

选择 LOV 分配的项（LOV 要挂在哪个 Item 上），选择 Customer Name，单击"Finish（完成）"按钮，如下图所示。

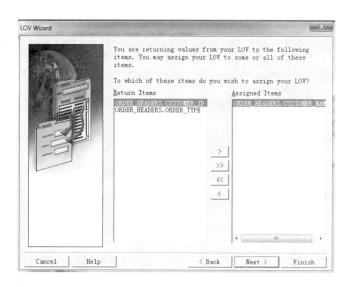

4.2.3   改进 LOV

使用向导创建的 LOV 没有子类，命名根据流水生成，开发时需要修改。

（1）把生成的记录组和 LOV 都重命名为 Customers。

（2）设置 LOV 的子类为 LOV，如下图所示。

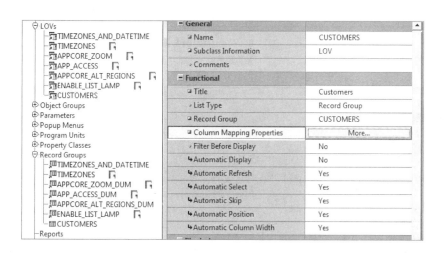

查看分配 LOV 项的属性，本例为 Customer Name，如下图所示。

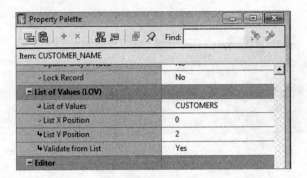

说明：Validate from List 的意思是用户输入的值必须在 LOV 第一可见列的值范围内。

4.2.4 完善实例

本例还需要完成销售员、价目表、货币的 LOV，请读者自行完成，这里列出关键点：

```
SALESREP
SELECT sal.salesrep_id, sal.NAME FROM apps.ra_salesreps sal
```

数据库字段	列　名	宽	返回值
salesrep_id		0	ORDER_HEADERS.SALESREP_ID
NAME	Name	4	ORDER_HEADERS.SALESREP_NAME

```
CURRENCY
SELECT cur.currency_code
    FROM apps.fnd_currencies_vl cur
    WHERE cur.enabled_flag = 'Y'
    AND cur.currency_flag = 'Y'
```

数据库字段	列　名	宽	返回值
currency_code	Currency	4	ORDER_HEADERS.CURRENCY_CODE

PRICE_LIST

```
SELECT qlh.list_header_id, qlh.NAME
    FROM apps.qp_list_headers_vl qlh
    WHERE qlh.start_date_active <= SYSDATE
    AND nvl(qlh.end_date_active, SYSDATE) >= SYSDATE
```

数据库字段	列　名	宽	返回值
list_header_id	Currency	0	ORDER_HEADERS.PRICE_LIST_ID
NAME	NAME	4	ORDER_HEADERS.PRICE_LIST_NAME

4.2.5　运行实例

上传编译后的运行效果如下图所示。

4.2.6　常用 LOV 属性设置

定义好一个 LOV 后，可以在其属性选项板中定义其他属性，这里仅介绍 LOV 特有的属性及其用途（见下表）。

属　性	用　途
列表类型（List Type）	用于定义列表类型：记录组
记录组（Record Group）	定义该 LOV 所使用的记录组
列映射（Column Mapping）	单击"More（详细）…"属性控制按钮，显示值列表的列映射
自动显示（Auto Display）	定义光标进入某项时，与该项相连的 LOV 窗口自动打开
自动刷新（Auto Refresh）	置为"True"时，每次 LOV 激活时记录组重新执行查询；置为"False"时，仅当每次 LOV 激活时记录组执行查询，随后的 LOV 操作就使用当前记录组数据（在数据很少改变时非常有效）
自动调离（Auto Skip）	返回时，光标移到下一项
X 坐标和 Y 坐标	定义 LOV 窗口的屏幕位置
宽（Width）和高（Height）	定义值列表 LOV 窗口的大小

对于列映射属性，单击"More（详细）…"属性控制按钮，显示值列表列映射对话框，如下图所示。

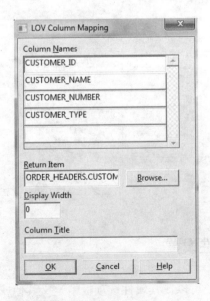

选项说明如下。

- 列名（Column Names）：选择用于映射的 LOV 列或定义一个列。

- 返回项（Return Item）：使用以下一种：① 块名.项名；② GLOBAL.变量名；③ PARAMETER.参数名。若为 Null，则不返回该 LOV 列值。

- 显示宽度（Display Width）：在 LOV 中该列的显示宽度。若为"0"值，则表示该列被隐藏，但仍可以返回该列值。

- 列标题（Column Title）：LOV 窗口的列标题。

在对话框中选择列映射时，首先从列名列表中选择该列，然后设置其他映射值。

注意：记录组列和 LOV 列必须保持兼容，可在记录组的属性列表中修改记录组的查询语句。

4.3 案例：字段和记录控制

4.3.1 关于字段属性

字段（项）的属性分为常规（Normal）、功能性（Functional）、导航（Navigation）、数据（Data）、计算（Computing）、记录（Record）、数据库（Database）、值列表（LOV）、编辑器（Editor）、物理属性（Physical）和其他项属性。

文本项的常规属性和用途如下表所示。

属　　性	用　　途
项目（Name）	定义项的名称
项类型（Item Type）	选择所要创建的项类型，这里选文本项
启用（Enable）	定义是否启用该项

续表

属　性	用　途
对齐（Alignment）	设置项的对齐格式，有左边、右边、中间、起始和结尾五种选择，默认值为起始
多行（Multi Line）	定义该项是否存放多行文本
折行风格（Wrap Style）	选择 None、Character 或 Word 确定多行文本行是否卷绕下一行
大小写限制（Case Restriction）	强迫用户的输入为大写、小写或混合
隐藏数据（Secure）	定义项值是否回显到屏幕，用户是否可见
保持光标位置（Keep Position）	保留光标位置，以便再次进入时光标仍在原地方
自动调离（Auto Skip）	定义当一项输满时，光标是否自动移动到下一项，Auto Skip 属性常与 Fixed Length 属性一起使用
弹出菜单（Pop Menu）	定义该项的弹出菜单

　　各项的默认导航属性与在对象导航器中该项所处的位置顺序一致，然而利用下表所列属性可控制文本项的导航行为。

属　性	用　途
可用键盘导航（Keyboard Navigation Enabled）	是否可用键盘导航到该项和操作该项。为 True，则该项包含在默认导航中；为 False，则该项不包含在默认导航中，此时在导航器中可见该项变为灰色。
前一个导航项（Previous Navigation Item）	定义当选择"Field（域）"→"Previous（前一个）"命令时访问哪一项
后一个导航项（Next Navigation Item）	定义当选择"Field（域）"→"Next（下一个）"命令时访问哪一项

　　文本项中的数据属性及用途如下表所示。

属　　性	用　　途
数据类型（Data Type）	定义哪种类型的值可输入到该项，可选择 CHAR、NUMBER、DATA 和 LONG
最大长度（Maximum Length）	设置该项容纳的最多字符数，通常与基表项的宽度相等
固定长度（Fixed Length）	定义在能够到另一个项前用户是否必须填满该项，Fixed Length 属性常与 Auto Skip 属性一起使用
初始值（Initial Value）	产生新记录时自动赋给该项的值
非空（Required）	定义该项是否非空，根据基表列是否非空而定
格式掩码（Format Mask）	定义文本项的格式
最低允许值（Range Low Value）	设置该项允许的最小值
最高允许值（Range High Value）	设置该项允许的最大值
从项中复制值（Copy Value From Item）	定义当焦点落在该项所在的记录上时，复制值给该项的源块和源项，一般填入"块名.项名"
镜像项（Synchronize Item）	定义给本项赋值的项名，此属性意味着可以同时有两个项表示同一基表列

这里有几点需要进行说明：

（1）对于"从项中复制值（Copy Value From Item）"属性，使用该属性将引用原值给当前项赋值，只需输入块和项名即可设置该属性。该属性用于连接块。该文本项不允许输入，否则违反外部关键字联系，Form 不把该项分配到一个画布中。

（2）对于"格式掩码（Format Mask）"属性，该属性定义用户看到项值的格式。

使用标准 SQL 格式符，例如数据$99,999.99，日期 DD/MM/YY。

用双引号将非 SQL 嵌入字符括起来，例如 999"ASCII 码双引号"999。

选择"Edit"→"Copy"命令复制，再选择"Edit"→"Paste"命令可重用该格式串。

（3）默认值（Default Value）是当建立新行时给项所赋的值，设置方法有：

① 原始数值，如 340。

② 系统变量（System Variable）。

变量给出当前系统日期/时间：

$$DATE$$ DD-MON-YY

$$DATETIME$$ DD-MON-YYYY hh:mi[:ss]

$$TIME$$ hh:mi[:ss]

变量给出当前数据库日期/时间：

$$DBDATE$$ DD-MON-YY

$$DBDATETIME$$ DD-MON-YYYY hh:mi[:ss]

$$DBTIME$$ hh:mi[:ss]

③ 全局变量（Global Variable），如 GLOBAL.EMP_ID。

④ Form 参数，如 PARAMETER.SALESMAN_EMP_ID。

⑤ Form 项，如 EMP.ID。

⑥ 序列值，如 SEQUENCE.S_EMP_ID.NEXTVAL。

可引用数据库的序列值给某文本项赋初值，Form 会自动把生成的序列数赋给该文本项。

设置文本项中的记录属性，常用属性及用途如下表所示。

属　性	用　途
当前记录视觉属性组（Current Record Attribute）	当该项是当前记录的一部分时使用的可见属性（Visual Attribute）的名字
记录间的距离（Distance Between Record）	定义记录间的距离

属　　性	用　　途
显示的项数（Number of Items Displayed）	定义该项同时显示的数目，默认值为 0，表示显示的记录数等于块的记录显示数，即在新建块窗口中设置的 Record 值；不等于 0，则必须小于或等于块的记录显示数

设置文本项中的数据库属性，常用属性及用途如下表所示。

属　　性	用　　途
数据库项（Database Item）	定义项的值是否来自于数据库
列名（Column Name）	如果该项为数据库项，定义它和哪个列相关
主键（Primary Key）	定义该项是否唯一标识块基表的一行
仅查询（Only Query）	定义该项是否仅允许查询
允许查询（Query Allowed）	定义是否允许该项接受查询表达式
查询长度（Query Length）	设置在进入查询模式下该项查询表达式的最大长度。该项值不能比最大长度小，甚至为零
区分大小写的查询（Case Insensitive Query）	定义在查询处理中区分大写、混合、小写
允许插入（Insert Allowed）	定义该项是否允许值插入（仅适合于新记录）
允许更新（Update Allowed）	定义是否允许更新该项
仅为 NULL 则更新（Update Only If Null）	定义是否当前值为空时才允许更新，此属性仅适合已存在记录
锁定记录（Lock Record）	定义是否在该项被修改时锁住该记录，此属性仅适合于非基表项

修改该项的类型、显示和记录等物理属性可影响该项的显示方式。常用物理属性及用途如下表所示。

属　性	用　途
可见（Displayed）	定义该项在运行时是否可见
画布（Canvas）	定义该项显示在哪张画布上，若此值未定义，则为空画布项，该项在运行时不显示
标签页（Page）	如果画布为标签画布，定义该项显示在哪个标签页上
X 轴坐标（X Position）	定义相对于画布的 X 坐标
Y 轴坐标（Y Position）	定义相对于画布的 Y 坐标
宽度（Width）	定义文本项的宽度
高度（Height）	定义文本项的高度
立体（Bevel）	设置项边框的立体效果
释放（Rendered）	保留资源，当设置该属性后，该项没有焦点时，显示该项的资源被释放
显示垂直滚动条（Vertical Scroll Bar）	定义多行文本项是否包括一个滚动条
视觉属性组（Visual Attribute Name）	选择 Default Custom 或 Name 之一，定义该项的单个可见属性是如何设置的
字体大小（Font Name）	定义字体
字体粗细（Font Size）	定义字号
字体风格（Font Style）	定义字型
字体间距（Font Space）	定义字间距
前景色（Foreground Color）	定义该项的前景色
背景色（Background Color）	定义该项的背景色
填充图案（Fill Pattern）	定义填充模式
字符模式逻辑属性（Charmode Logical Attribute）	定义在字符模式下运行时，设置设备属性的 Oracle 终端资源文本属性
黑底白字（White on Black）	定义"仅显示项"是否以黑底白字提示

使用下表所列两个属性给用户提供上下文有关的帮助。

属　　性	用　　途
提示（Hint）	编写在信息行显示的信息
自动提示（Automatic Hint）	定义提示是否自动显示

4.3.2　设置字段属性

最常见的字段控制方法有默认值、是否必需、是否可以更新、是否可按【F11】键查询。其他的都可以顾名思义，可直接看各个属性。本例主要设置 Order Number、Ordered Date、Order Type、Currency、Status 字段的不可更新属性，如下图所示。

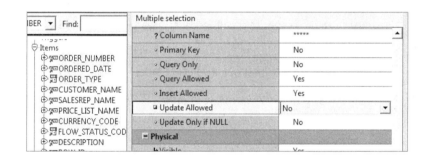

对于 Status 字段，用户是不可干预的，输入时状态必须是 Entered，所以还需要设置其为不可插入，如下图所示。

4.3.3　字段控制

字段在实际应用中往往都是根据数据变化动态设置字段的属性，在 Form 中可以利用内置子程序来动态地设置字段属性，实现对字段的控制，关于内置子程序可以参考第 3 章的内容。

本实例 Customer、Sales Person、Price List 在状态为非"Entered"的情况下，才不可更新，这需要用代码实现。在 Block 的 WHEN-NEW-RECORD-INSTANCE 触发器中输入以下代码，最好写成程序单元：

```
if :ORDER_HEADERS.FLOW_STATUS_CODE = 'ENTERED' then
    app_item_property.set_property('ORDER_HEADERS.CUSTOMER_NAME',UPDATE_
ALLOWED,PROPERTY_TRUE);
    app_item_property.set_property('ORDER_HEADERS.SALESREP_NAME',UPDATE_
ALLOWED,PROPERTY_TRUE);
    app_item_property.set_property('ORDER_HEADERS.PRICE_LIST_NAME',UPDATE_
ALLOWED,PROPERTY_TRUE);
else
    app_item_property.set_property('ORDER_HEADERS.CUSTOMER_NAME',UPDATE_
ALLOWED,PROPERTY_FALSE);
    app_item_property.set_property('ORDER_HEADERS.SALESREP_NAME',UPDATE_
ALLOWED,PROPERTY_FALSE);
    app_item_property.set_property('ORDER_HEADERS.PRICE_LIST_NAME',UPDATE_
ALLOWED,PROPERTY_FALSE);
end if;
```

注：WHEN-NEW-RECORD-INSTANCE 触发器的执行层次要改为 Before，否则按【F11】键生成的查询界面不会显示灰色查询状态，原因将在后面章节分析。

4.3.4　记录控制

最常见的记录控制方法是显示条数、是否可增/删/改/查、是否可按【F11】键查询、是否显示滚动条。本例需要实现在状态为非"Entered"的情况下，记录不可删除，这样需要在 Block 的 WHEN-NEW-RECORD-INSTANCE 触发器中追加代码（斜体部分），最好写成程序单元：

```
if :ORDER_HEADERS.FLOW_STATUS_CODE = 'ENTERED' then
    app_item_property.set_property('ORDER_HEADERS.CUSTOMER_NAME',UPDATE_
ALLOWED,PROPERTY_TRUE);
    app_item_property.set_property('ORDER_HEADERS.SALESREP_NAME',UPDATE_
ALLOWED,PROPERTY_TRUE);
    app_item_property.set_property('ORDER_HEADERS.PRICE_LIST_NAME',UPDATE_
ALLOWED,PROPERTY_TRUE);
    set_block_property('ORDER_HEADERS',DELETE_ALLOWED,PROPERTY_TRUE);

else
    app_item_property.set_property('ORDER_HEADERS.CUSTOMER_NAME',UPDATE_
ALLOWED,PROPERTY_FALSE);
    app_item_property.set_property('ORDER_HEADERS.SALESREP_NAME',UPDATE_
ALLOWED,PROPERTY_FALSE);
    app_item_property.set_property('ORDER_HEADERS.PRICE_LIST_NAME',UPDATE_
ALLOWED,PROPERTY_FALSE);
    set_block_property('ORDER_HEADERS',DELETE_ALLOWED,PROPERTY_FALSE);
end if;
```

4.3.5　运行实例

上传编译后的运行效果如下图所示。

4.4　案例：日历

4.4.1　日历控件

Form 中没有日历控件，日期的选择是通过一个特殊的 Window 实现的，因为系统封装得比较好，需要按照以下三个步骤实现日期的选择。

（1）编写 Item 的 KEY-LISTVAL 触发器：calendar.show。

（2）设置 Item 的 List of Values 属性：ENABLE_LIST_LAMP。

（3）设置 Item 的 Validate from List 属性：No。

本实例实现 ORDERED_DATE 字段日历功能，如下图所示。

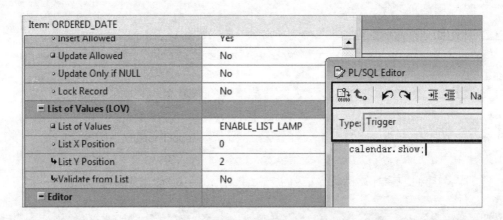

4.4.2　运行实例

上传编译后的运行效果如下图所示。

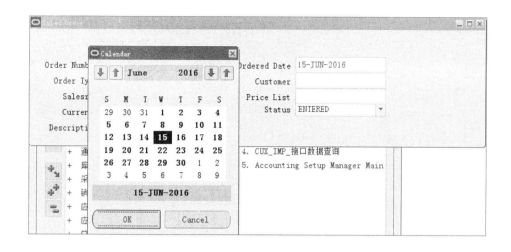

4.5　总结

到目前为止，实例 Form 可以录入、查询、修改、删除、导航，运行结果如下图所示。

至此本实例还相当粗糙，缺少查询界面、订单行等，更多复杂内容将在后续章节继续完善。

行指示符、主从块、滚动条、Stacked&Tab 画布、多行文本

5.1　案例：销售订单行

5.1.1　创建数据库对象

与订单头类似，表、索引、序列、表注册代码参考 cux_order_lines_all.sql。视图的代码参考 CUX_ORDER_LINES_V。

表操作 API 代码参考 cux_order_lines_pkg.pck。

5.1.2　创建数据库块 ORDER_LINES

从 CUX_ORDER_LINES_V 中选择所有字段，并设置块子类。

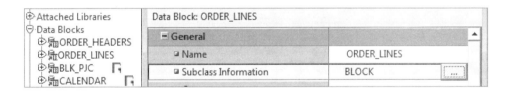

5.1.3　增加行指示 Item

手工新建 Item，名字和子类都是 CURRENT_RECORD_INDICATOR。

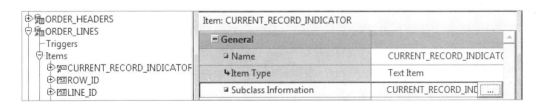

5.1.4　设置 Item 属性及其 Subclass

设置需要显示 Item 和特殊 Item 的子类,同时设置部分 Item 的默认值,如下表所示。

Item	Subclass	Required	Initial Value	说　明
ROW_ID	ROW_ID			不显示
ORG_ID		Yes	:PARAMETER.ORG_ID	
NEED_BY_DATE	TEXT_ITEM	Yes	$$DBDATE$$	系统日期
ORGANIZATION_CODE	TEXT_ITEM	Yes		
ITEM_CODE	TEXT_ITEM	Yes		

其他显示字段（见下图）的子类为 TEXT_ITEM。

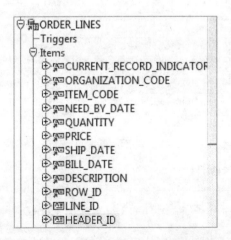

为使例子能够顺利运行,先设置 HEADER_ID 的初始值为 0。

5.1.5　创建 Canvas 画布

向导第一步选择SALES_ORDER画布,字段为CURRENT_RECORD_INDICATOR、

ORGANIZATION_CODE、ITEM_CODE、NEED_BY_DATE、QUANTITY、PRICE、SHIP_DATE、BILL_DATE、DESCRIPTION。

显示风格为 Tabular，即二维表形式，行数为 8 行。

5.1.6　调整布局、Prompt 提示

调整 Item 大小和画布，结果如下图所示。

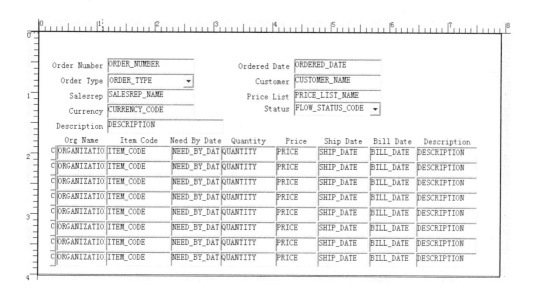

因为 Quantity 和 Price 字段的内容是数字，通常右对齐，设置属性如下图所示。而且它们的 Prompt 也需要靠右。

5.1.7　设置头行块互为前后导航块

ORDER_LINES 属性设置如下图所示。

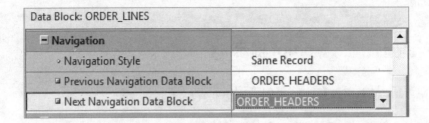

ORDER_HEADERS 属性设置如下图所示。

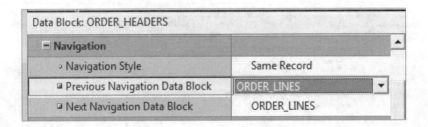

5.1.8　创建 LOV

发货组织和物料需要使用 LOV。

1. SHIP_ORG

```sql
SELECT org.organization_id, org.organization_code
  FROM apps.org_organization_definitions org
    WHERE org.operating_unit = :parameter.org_id
```

数据库字段	列　　名	宽	返回值
organization_id		0	ORDER_LINES.organization_id
organization_code	Organization	4	ORDER_LINES.organization_code

2. ITEMS

```
SELECT mst.inventory_item_id, mst.concatenated_segments item_code
  FROM apps.mtl_system_items_vl mst
    WHERE mst.organization_id = :order_lines.organization_id
    ORDER BY mst.concatenated_segments
```

数据库字段	列　　名	宽	返回值
inventory_item_id		0	ORDER_LINES.item_id
item_code	Item Code	4	ORDER_LINES.ITEM_CODE

完成后的结果如下图所示。

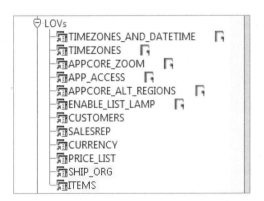

5.1.9　创建行块增/删/改 ON-触发器

分别创建 ON-LOCK、ON-UPDATE、ON-DELETE、ON-INSERT 触发器后添加如下对应代码（详细内容可参考头块创建方法）：

```
ORDER_LINES_PRIVATE.lock_row;
ORDER_LINES_PRIVATE.update_row;
ORDER_LINES_PRIVATE.delete_row;
ORDER_LINES_PRIVATE.insert_row;
```

5.1.10　运行实例

上传编译后的运行效果如下图所示。

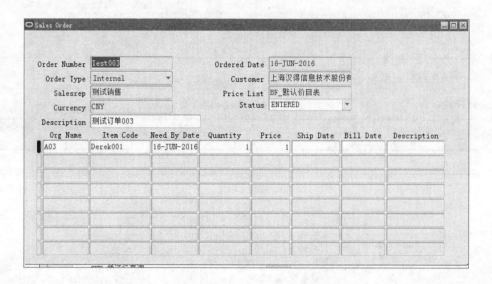

现在头和行是不相干的两个块，可以独立进行增/删/改，至此我们学习了两种风格的数据块。

5.2　案例：Master-Detial 主从块

5.2.1　关于主从块

单据通常都可以划分为"头"与"行"的关系，在表设计中表现为"一对多"的主外键关系，在 Form 中的表现形式就是"主从块"。主从块有以下一些特征：

（1）通常希望输入完主块才允许用户输入从块。

（2）删除主块记录前，必须先删除从块记录。

（3）系统不一定先保存主块，而依据块在对象浏览器中的顺序进行保存。

（4）查询出主块记录时，通常希望自动带出明细块记录。

（5）在滚动主块记录时，如果从块还未保存，则无法移动。

（6）主从块都是基于数据库的，并且至少有一个可导航的字段。

5.2.2　创建主从关系

选中主块 ORDER_HEADERS 下的 Relations，单击工具栏中的"+"号。

选择 Detail 块为 ORDER_LINES，选中 Prevent Masterless Operation 复选框，输入 Join Condition: ORDER_LINES.HEADER_ID = ORDER_HEADERS.HEADER_ID，如下图所示。

单击"OK"按钮后，自动完成如下工作：

（1）创建一个名为"ORDER_HEADERS_ORDER_LINES"的 Relation。

（2）创建一个 Form 级触发器 ON-CLEAR-DETAILS。

（3）创建两个主块级触发器 ON-POPULATE-DETAILS 和 ON-CHECK-DELETE-MASTER。

（4）创建一个过程 Query_Master_Details。

（5）设置从块关联 Item 的 Copy Value from Item 属性，如下图所示。

Item: HEADER_ID	
▷ Next Navigation Item	\<Null\>
▭ Data	
▫ Data Type	Number
▫ Data Length Semantics	Null
▫ Maximum Length	40
▫ Initial Value	
▫ Required	Yes
▫ Format Mask	
▫ Lowest Allowed Value	
▫ Highest Allowed Value	
▫ Copy Value from Item	ORDER_HEADERS.HEADER_ID
▫ Synchronize with Item	\<Null\>

此时可以去掉 HEADER_ID 的初始值 0。

Relation 的属性和自动生成的 3 个触发器，可参考第 4 章的说明。

5.2.3　关于删除记录行为的说明

建立主从关系的时候默认选择的是非孤立（Non-Isolated），其他几种方式的对比说明如下表所示。

删除记录行为（Master Deteles）	用　途
级联（Cascaded）	当主块记录删除时从块记录也一起被删除
孤立（Isolated）	可以仅删除主块记录
非孤立（Non-Isolated）	防止从块记录存在时主块记录被删除

需要注意的是，虽然使用级联方式可删除许多从块记录，但提交信息仅显示主块中被删除的记录数。

5.2.4 运行实例

上传编译后的运行效果如下图所示。

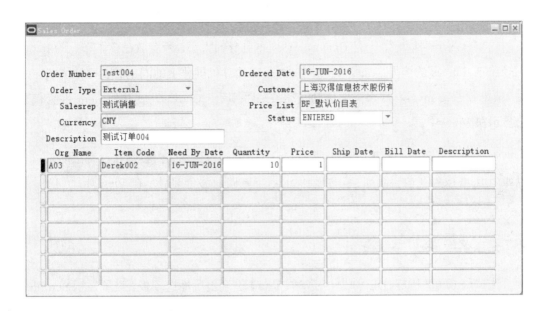

现在两个块是有关系了，必须创建完主块才能创建从块。不过从块中的字段和记录控制还需要完善。

5.3 案例：滚动条

5.3.1 关于滚动条

当 Item 在一个指定大小的区域内无法完整显示时，需要借助滚动条；根据需要可以用水平滚动条或垂直滚动条。Form 中的滚动条有两个相互独立的来源。

1. 块的滚动条

可决定是否为该块显示滚动条，垂直或者水平只能任选其一，基本上都是垂直，用来滚动记录。比如实际记录有 10 条，而块属性设置显示 8 条记录，如果不借助滚动条就显得不直观，记录间的导航也不方便。

2. 画布的滚动条

画布有两个"区域"，一是 Canvas——画布自身的大小，所有放在该画布上的 Item，不能超越 Canvas 的边界；二是 View——画布在计算机屏幕上的固定的、可见区域，如果 View 小于 Canvas，那么需要借助滚动条来"挪动" Canvas，使其他 Item 也能有机会显示在 View 中。

画布的滚动条有垂直或者水平两个方向，可以同时显示。内容画布没有滚动条，所以如果 Item 放置在内容画布上，必须保证水平方向能够全部显示在 View 中。

5.3.2　设置滚动条

选中块（这里是 ORDER_LINES），按【F4】键调出属性选项板，设置显示 Scrollbar 属性为 Yes，Scrollbar 所在 Canvas 为 SALES_ORDER，调整滚动条在画布上的布局，如下图所示。

5.3.3　运行实例

上传编译后的运行效果如下图所示。

因为内容画布没有滚动条，如果显示的 Item 很多，水平方向放不下，那么则需要改用其他画布，首选"堆叠画布"。

5.4　案例：Stacked（堆叠）画布

5.4.1　创建堆叠画布

在需要显示的 Item 比较多、内容画布显示不下的时候，需要使用一个或多个堆叠画布来处理。通常我们需要判断，哪些 Item 保留在内容画布上，不随着水平滚动条滚动，其他 Item 需要移到新的 Stacked 上，通常行指示符、弹性域是要保留的，其他字段则看情况。创建画布有如下两种方式。

方式 1：启动画布创建向导，选择 New Stacked，这个比较适用于调整布局前的首次创建，如下图所示。

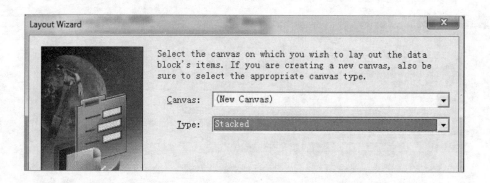

方式 2：在对象浏览器中选中 Canvases，单击工具栏中的 "+" 号，手工创建，然后修改名字和子类，如下图所示。

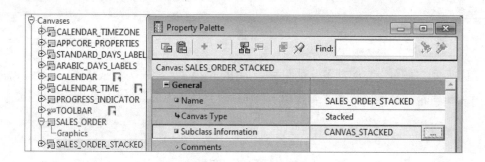

5.4.2 设置 Item 到新建的堆叠画布

除了行指示符，我们希望 "发运组织" 和 "物料" 两项不随滚动条滚动。这样我们可设置其他 Item 的画布属性为新建的 SALES_ORDER_STACKED，如下图所示。

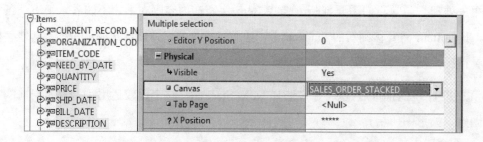

5.4.3 调整堆叠画布

堆叠画布的调整需要符合如下要求：

（1）View 在 Canvas 的位置是 X=0，Y=0，如下图所示。

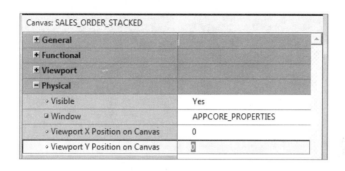

（2）Canvas 左右都无空白区域，也就是全部被 Item 占满，第一个 Item 的 X 位置为 0，Canvas 的 Width 等于所有 Item 的 Width 之和。

（3）字段顶部基本无空白，即 Item 的 Y 位置是标准高度 0.25，用来放 Prompt。

（4）Canvas 底部留出滚动条的位置，通常留 0.2，这样如果有 8 行数据，总高是 2.45。

（5）View 的高度和 Canvas 一致，宽度则依据实际情况设置。

注意：以上几点设置可以打开堆叠画布编辑器进行调整，调整后如下图所示。

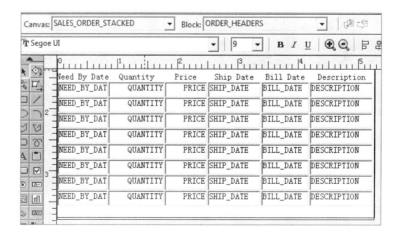

（6）设置画布的属性，使其仅显示水平滚动条。

（7）设置画布的属性，使其和主画布置于同一 Window。

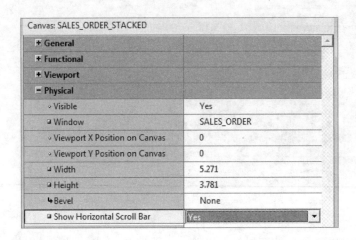

5.4.4   调整堆叠画布在主画布上的位置

打开主画布布局编辑器（SALES_ORDER），选择"View"→"Stacked Views"命令，在弹出的对话框中选中堆叠画布（按住【Ctrl】键使用鼠标选择或取消），如下图所示。

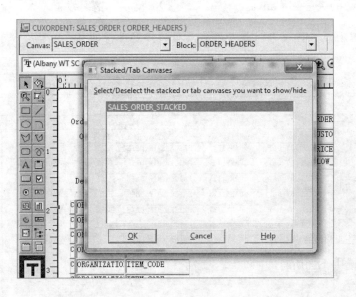

此时堆叠画布显示在主画布的左上角，如下图所示。

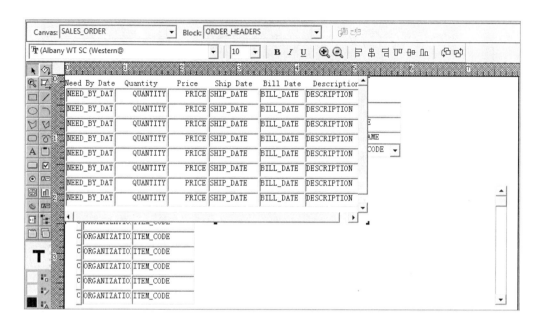

需要我们调整到合适位置，即调整到 Item_Code 位置后，可以手工拖动（比较麻烦），也可通过设置属性，边设置堆叠画布位置属性边观察布局位置，调整设置如下图所示。

继续调整主画布至"整洁美观"，把头块的部分字段调整为同一行，这样会空出一大片位置，然后选中下面所有的内容，包括堆叠画布和滚动条，整体往上移，如下图所示。

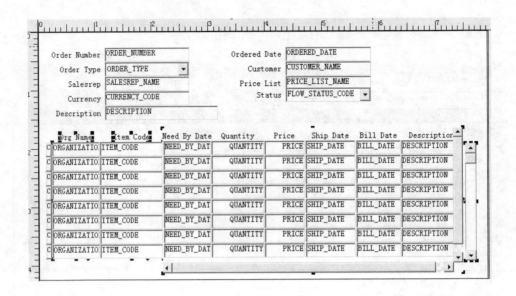

提示：可以选择 "layout" → "Arrange" 命令来对齐、分布 Item，需要掌握 Distribute 和 Stack，如下图所示。

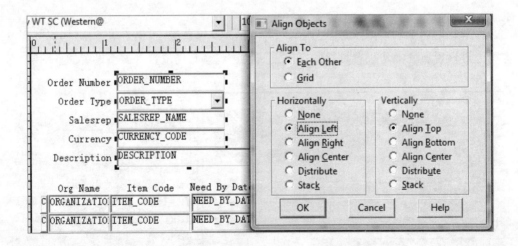

5.4.5　运行实例

上传编译后的运行效果如下图所示。

现在尚缺弹性域、符合业务需要的字段和记录控制。

5.5　画布小结

5.5.1　子类与画布

EBS 通过进一步"标准化"Form Builder 自身的对象，提供了丰富的"子类"，这和 Java 等 OO 语言中的子类是相似的，其实际上是子对象。

对于画布来说，原始类型和子类的说明如下表所示。

原始类型	子　类	说　　明
Content	CANVAS	内容画布，一个 Window 上有且仅有一个 Content 画布
Stacked	CANVAS_STACKED	普通堆叠画布，属性 Raise on Entry 为 No，意思是当导航到该画布的任一 Item 时，仅当该 Item 无法全部展示在 View 中时，整个 View 将自动移动到所有画布的顶层，也就是全部显示

续表

原始类型	子 类	说 明
Stacked	CANVAS_STACKED_FIXED	固定堆叠画布，属性 Raise on Entry 为 Yes，意思是当导航到该画布的任一 Item 时，整个 View 将自动移动到所有画布的顶层，也就是全部显示
Tab	TAB_CANVAS	Tab 画布，其本身不能放置 Item，Item 必须放在 Tab Page 上
Tab Page	TAB_PAGE	标签页，如果 Item 直接放置在 Tab 画布上，那么单击不同的标签，将自动导航到该标签的第一个可导航的 Item，反之，如果导航到某标签的 Item，那么也将自动切换到该标签页；Tab Page 使用起来类似内容画布，如果 Item 太多，需要借助 Stacked 画布，这个时候，就没法"自动导航"、"自动切换"了，必须用代码去响应 Tab 页的切换事件
V&H Toolbar		垂直和水平工具条，EBS 开发中没用

5.5.2　从 UI 角度看对象关系

对于初学者，通常搞不清楚 Item、块、画布、Window、Form 这些对象的关系，有个简单的办法可以帮助大家了解。选择"View"→"Visual View"命令，可以看得比较清楚，如下图所示。

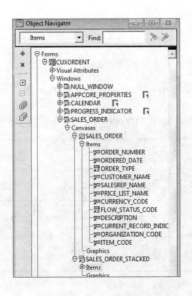

可以看出，一个 Form 可以有任意个 Window；一个 Window 上可以有任意个画布，反过来一个画布只能放置在一个 Window 上，另外一个限制是一个 Window 上有且仅有一个 Content 画布；一个画布上可以放置任意多个 Item，一个块的 Item 可以分布在不同的画布上，所以块和画布没有必然的关系。

5.6　案例：Tab 画布

5.6.1　创建 Tab 画布和标签页

创建 Tab 画布的步骤和其他画布一样，同样需要设置其 Window 属性为我们的销售订单窗口，不过其子类为 TAB_CANVAS；然后在其下创建标签页，我们创建了两个，子类为 TAB_PAGE，如下图所示。

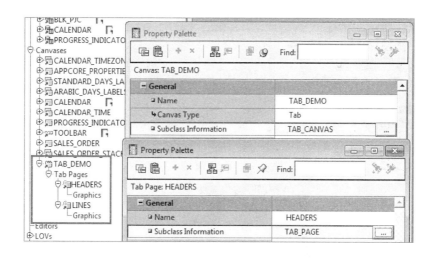

5.6.2　设置 Item 到标签页并调整布局

本书为了演示讲解，假定需求比较"异类"，要把原来 Header 区的描述字段放在 HEADERS 标签页上，原来 Line 区的内容全部放到 LINES 标签页上，那么需要做如下设置：

设置 Header 区描述字段的物理显示属性到 HEADERS 标签页，如下图所示。

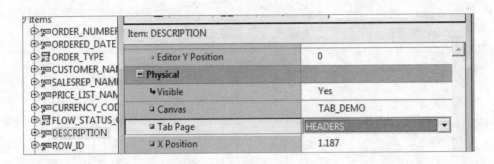

同理，把原先在内容画布上的行指示符等固定的 Item 也设置到 LINES 标签页。同时，把 Order_Lines 块的滚动条也设置到 LINES 标签页。

单独调整 Tab 画布，效果如下图所示。

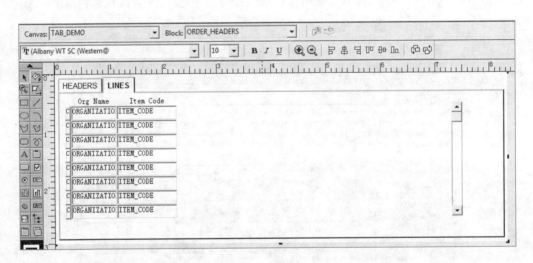

5.6.3 调整主画布布局

打开主画布布局编辑器（SALES_ORDER），先选择"View"→"Stacked Views"命令，显示 TAB_DEMO 画布，隐藏 SALES_ORDER_STACKED 画布，这样先调整 TAB_DEMO 画布到合适位置，如下图所示。

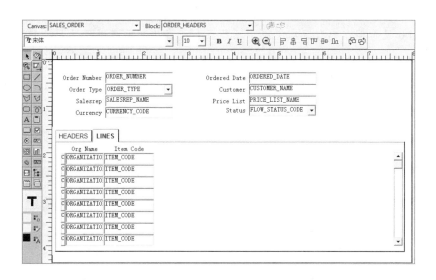

提示：选择"View"→"Stacked Views"命令后，按住【Ctrl】键通过鼠标选中或取消画布。

再选择"View"→"Stacked Views"命令，把 SALES_ORDER_STACKED 画布也显示出来，调整到合适位置，如下图所示。

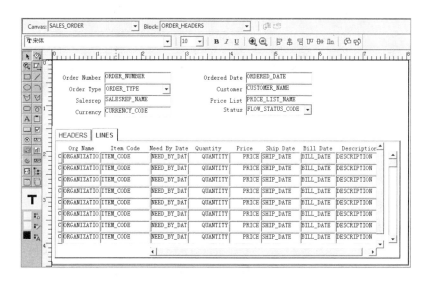

Tab 和 Stacked 画布不是所见即所得，虽然看起来是对齐的，实际运行起来却不对齐，所以需要耐心，不断运行、调整、再运行、再调整。

提示：如果希望在内容画布上选中堆叠画布或者 Tab 画布进行位置的微调，一般很难，可以先在对象浏览器中选中，然后切换回来。

5.6.4 运行实例

上传编译后的运行效果如下图所示。

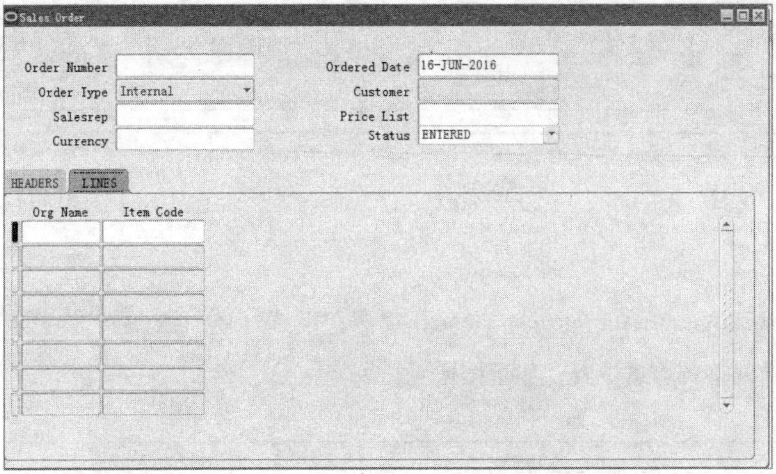

可以看到，如果不加控制，即使切换到 LINES 标签页，堆叠画布也不显示，必须按【Tab】键导航才会使其显示出来。

5.7 案例：控制 Tab 画布

5.7.1 控制思路

实际上 Tab 画布及其标签页和堆叠画布完全是独立的,哪个堆叠画布和哪个标签页对应，必须通过代码来处理。

当标签页切换时，我们需要响应切换事件，决定该显示哪些堆叠画布、隐藏哪些堆叠画布；反过来，当导航到堆叠画布上的 Item 时，因为会导致该画布显示出来，我们需要响应 Item 的导航事件，决定哪个标签页为当前页。

5.7.2　控制代码

本书的例子比较简单，当切换到 HEADERS 标签页时，隐藏 SALES_ORDER_STACKED 画布，切换到 LINES 标签页时，显示 SALES_ORDER_STACKED 画布。注意 Form 初始时，需要默认一下当前标签页，也需要隐藏 SALES_ORDER_STACKED 画布。

在 Form 级 WHEN-NEW-FORM-INSTANCE 触发器中追加如下代码：

```
SET_CANVAS_PROPERTY('TAB_DEMO', TOPMOST_TAB_PAGE, 'HEADERS');
hide_view('SALES_ORDER_STACKED');
```

新建 Form 级 WHEN-TAB-PAGE-CHANGED 触发器，该触发器是通过鼠标单击时才会触发。另外注意几个 Form 标准过程的使用：

```
IF :system.tab_previous_page = 'HEADERS' THEN
  validate(block_scope);
    IF :system.MODE = 'ENTER-QUERY' OR NOT form_success THEN
      --Message here
      set_canvas_property('TAB_DEMO',
                          topmost_tab_page,
                          :system.tab_previous_page);
    RETURN;
    END IF;
  ELSIF :system.tab_previous_page = 'LINES' THEN
    validate(block_scope);
    IF :system.MODE = 'ENTER-QUERY' OR NOT form_success THEN
      --Message here
      set_canvas_property('TAB_DEMO',
                          topmost_tab_page,
                          :system.tab_previous_page);
```

```
      RETURN;
   END IF;
END IF;


IF :system.tab_new_page = 'LINES' THEN
   show_view('SALES_ORDER_STACKED');
   go_item('ORDER_LINES.ORGANIZATION_CODE');
ELSIF :system.tab_new_page = 'HEADERS' THEN
   hide_view('SALES_ORDER_STACKED');
   go_item('ORDER_HEADERS.DESCRIPTION');
END IF;
```

提示：在 Forms Builder 中通过 Help 菜单，输入过程名，可查看具体的解释和 Example，如下图所示。

本例中，如果在头块中使用【Shift+PgDn】快捷键切换到行块，尽管已经切换到 LINES 标签页，但 SALES_ORDER_STACKED 还是没有显示。为解决此问题，需要响应行块的第一个可导航的 Item（这里是 ORGANIZATION_CODE）的 WHEN-NEW-ITEM-INSTANCE 事件，代码如下：

```
show_view('SALES_ORDER_STACKED');
```

提示：通过 Jinitiator 的"Help"→"Keyboard Help"命令，可以查看常用的快捷键，如下图所示。

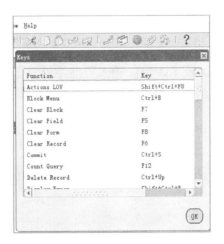

5.7.3　运行实例

上传编译后的运行效果如下图所示。

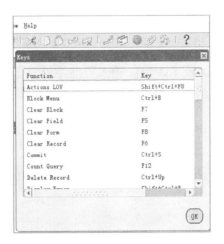

此时可以正常使用了，怎么导航 Item 和块都没问题。

5.8　案例：多行文本框

5.8.1　关于多行文本框

如果需要输入的文本比较多，单行输入可能不够又不直观，可以设置 Item 的 Multi-Line 属性为 Yes 并调整布局显示高度，如本例的头块 Description 字段，如下图所示。

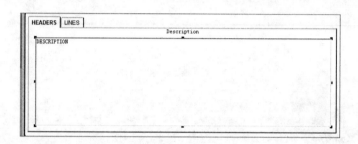

5.8.2　运行实例

上传编译后的运行效果如下图所示。

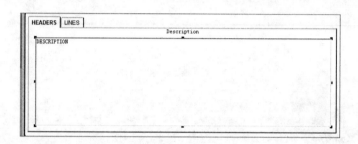

CHAPTER

06

LOV 查询、块查询、Button

6.1 查询原理

Form 标准功能支持【F11】查询，只需要我们按【F11】键，输入条件值即可，再按【Ctrl+F11】快捷键就可以执行查询。

6.1.1 【F11】查询原理

按【F11】键后，Block 处于 Enter-query 状态，输入的内容 Form 会自动拼成 Where 语句（当然还要加上原来的 default where，如果有 Copy from item，也要加上）。

对于每个 Item 上输入的值，一般是用 =；如果有%，就解析为 like；如果有#，则把后边的表达式（比如 between，甚至是子查询）直接作为条件。

6.1.2 理解其他查询

下面学习基于 LOV 的查询和基于块的查询，其原理和【F11】查询一样。

当 Form 内部执行堆栈 Navigate 到 Pre-query 时，Block 也处于 Enter-query 状态，和【F11】查询一样，我们只需对 Item 赋值（相当于【F11】查询中的人工输入），剩下的就交给 Form 去处理。

需要注意的是，处于 Enter-query 状态的 Block 使用 Query Length 属性限制输入数据的长度，而不是通常的 Maximum Lengh，只不过 Query Length 的默认值为 0，即等于 Maximum Lengh，所以会出现当用 app_find.query_range 时长度不够的情况。

6.2　案例：LOV 查询

6.2.1　什么是 LOV 查询

当用户单击工具栏中的"查询"按钮时，弹出的是一个简单的 LOV，其内容通常是可以唯一确定一条记录的"主码"，比如订单号。

6.2.2　创建 LOV 查询

在基于 Template 的开发中，须遵循如下步骤：

创建一个 Parameter 参数，用以保存 LOV 的返回值，这里是 HEADER_ID，如下图所示。

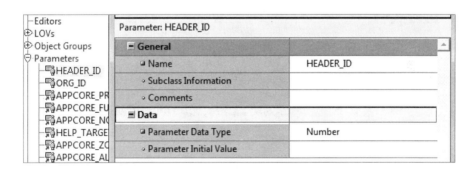

根据实际需要创建 LOV，并把条件值（通常是主键 ID）返回给事先创建好的 Parameter 参数，我们用如下 SQL 语句创建 LOV，并把 LOV 重命名为"Q_ORDERS"：

```
SELECT header_id, order_number, description FROM cux_order_headers
```

再把 HEADER_ID 返回给 PARAMETER.HEADER_ID，如下图所示。

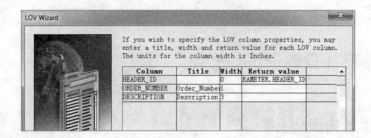

添加块级 QUERY_FIND 触发器（该触发器不是 Form 标准的，所以需要手工输入），代码如下：

```
app_find.query_find('Q_ORDERS');
```

添加块级 PRE-QUERY 触发器，代码如下：

```
if :parameter.g_query_find = 'TRUE' then
    :order_headers.header_id := :parameter.header_id;
    :parameter.g_query_find := 'FALSE';
end if;
```

6.2.3　运行实例

上传编译后的运行效果如下图所示。

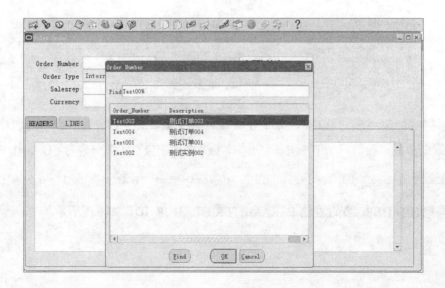

6.3　案例：块查询

6.3.1　什么是块查询

当 Form 比较复杂，需要用比较多的条件才能方便查询，比如订单号范围、日期范围等，或者希望查询条件用"选"而不是"输入"的方式时，需要专门做一个非数据库块来完成。

6.3.2　复制标准查询块

除了不基于数据库外，做查询块和普通块没什么区别，不过我们可以采用比较快捷的方法：

打开 APPSTAND.fmb，把其中的对象组"QUERY_FIND"拖动到我们自己的 Form 中，如下图所示。

在弹出的对话框中单击"Copy"按钮而非"Subclass"按钮，因为我们需要修改，如下图所示。

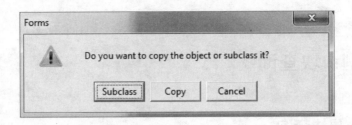

这样会自动产生 QUERY_FIND 的块、画布、Window，然后我们就可以删除自己 Form 里的对象组 QUERY_FIND，因为用的是 Copy，所以上述 3 个对象还保留着。

说明：Subclass 相当于 Java 里面的继承，我们不能修改自动产生的对象。

6.3.3　修改标准查询块

设置 QUERY_FIND 块、画布、Window 的子类，修改 Window 的 Title 属性；这 3 个对象也可以重命名，本例只有一个查询块，不需要修改名称。

设置 QUERY_FIND 块的下一导航块为目标块，上一导航块为自身。

此时 QUERY_FIND 块有 1 个块级触发器，还有 3 个标准 Button，它们都有 1 个 WHEN-BUTTON-PRESSED 触发器，分别处理清除查询块内容、新建目标块记录、执行查询，如下图所示。

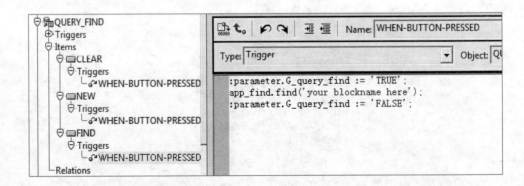

需要将其中的'your blockname here'全部改为目标块'ORDER_HEADERS'。

6.3.4　创建查询条件 Item

手工创建需要的查询条件 Item，并将 Item 的画布属性设置为 QUERY_FIND，调整布局，这里仅创建订单号和日期范围，实际使用中查询自动根据实际要求添加，如下图所示。

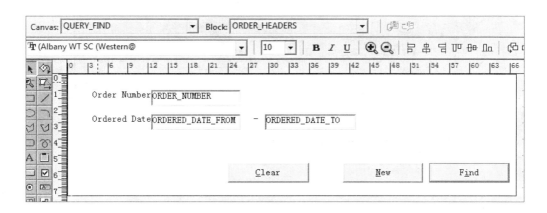

6.3.5　修改块触发器

添加块级 QUERY_FIND 触发器（该触发器不是 Form 标准的，所以需要手工输入），代码如下，具体参数含义请直接参考 app_find 包：

```
app_find.query_find('SALES_ORDER','QUERY_FIND','QUERY_FIND');
```

添加块级 PRE-QUERY 触发器，代码如下，注意赋值用 Copy，范围查询用 app_find.query_date_range：

```
IF :parameter.g_query_find = 'TRUE' THEN
  copy(name_in('query_find.order_number'),'order_headers.order_number');
  app_find.query_date_range(:query_find.ordered_date_from,
                            :query_find.ordered_date_to,
                            'ORDER_HEADERS.ORDERED_DATE');
  :parameter.g_query_find := 'FALSE';
END IF;
```

6.3.6 修改目标 Item 查询长度

如果是范围查询，通常 Item 默认的最大查询长度不够，需要设置得大点，比如 200，如下图所示。

Item: ORDERED_DATE		
− Database		▲
› Database Item	Yes	
◻ Column Name	ORDERED_DATE	
› Primary Key	No	
› Query Only	No	
› Query Allowed	Yes	
› Query Length	200	
› Case Insensitive Query	No	

6.3.7 对于几个内置查询子程序的说明

```
app_find.query_find('SALES_ORDER','QUERY_FIND','QUERY_FIND');
```

第一个参数 SALES_ORDER 为主窗口的窗口名。

第二个参数 QUERY_FIND 为查找所在的窗口名（拖动时在 Window 下自动生成的）。

第三个参数 QUERY_FIND 为 QUERY_FIND 数据块名（拖动时在 Data Block 下自动生成的）。

app_find.query_range 可以设置所要查找的数据范围：

第一个参数为起始值所在项。

第二个参数为终止值所在项（起始值、终止值相同时就是查找当前值）。

第三个参数为查找数据块的 Item，起始值和终止值针对数据块的 Item 而设置。

6.3.8　运行实例

上传编译后的运行效果如下图所示。

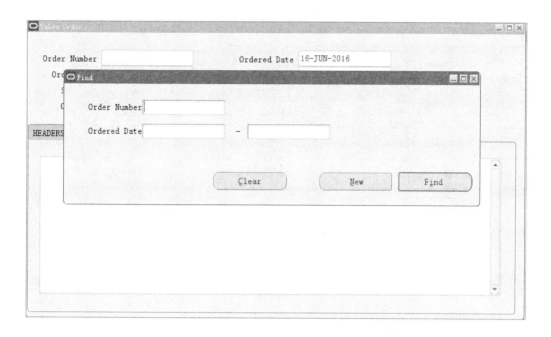

6.4　案例：Button

按钮也是一种界面对象，通常单击按钮可开始某个动作。按钮通常以一个矩形显示，内含一个描述标签。不像其他类型的项，按钮不能存储显示值。增加按钮可以快速执行最需要做的操作。

按钮特有属性及用途如下表所示。

属　　性	用　　途
项类型（Item Type）	按钮（Button）
标签文本（Label）	定义运行时显示在按钮上的文本

续表

属　性	用　途
快捷键（Access Key）	设置快捷键，如 "&O" 表示 "O" 为快捷键
图标化（Iconic）	定义按钮上是否显示成一个图标而不是文本
图标文件名（Icon Name）	定义图标源文件名，注意不需要扩展名
默认按钮（Default Button）	定义该按钮是否是该块的默认按钮，可被一个特殊键（如【Shift】键）隐式地选择默认按钮，不必导航或使用鼠标
可用键盘导航（Keyboard Navigator Enabled）	是否可用键盘导航到该按钮
鼠标导航（Mouse Navigate）	定义鼠标单击该按钮时是否导航到该按钮

　　需要指出的是，一般需要给按钮设置相应的触发器来实现按钮的某些功能。可参考第 5 章查询按钮的例子。

CHAPTER

07

触发器层次关系、常用触发器
编写规范

触发器基础知识可以参考本书第 3 章的内容，此处不再赘述，本章旨在引导大家对触发器进行更深层次的理解和认识。

7.1 理解层次关系

7.1.1 说明

当一个事件发生的时候，Forms Engine 可一并触发由低到高 3 个级别（Item、Block、Form）的同名事件，如何触发，由定义低级别的事件时所设置的执行层次决定。

执行层次：

（1）Override 模式，默认模式，不再触发高级别事件。

（2）Before 模式，触发完本级别的事件后，再触发高级别事件。

（3）After 模式，先触发高级别事件，再回来触发本级别事件。

当然，如果某一层次我们没定义事件代码，Forms Engine 就跳过该级别，直接进入下一级别。

此外，Block 中任何 Item 发生的事件，都可能引发该 Block 级事件，所以在 Block 级编写属于 Item 级的事件时要特别关注此问题；Form 级事件更有类似问题。

7.1.2 WHEN-VALIDATE-ITEM 例子

假设：

（1）Item XXX 的 WHEN-VALIDATE-ITEM 的代码是"代码 1"，模式是"After"。

（2）Item XXX 所在 Block，WHEN-VALIDATE-ITEM 的代码是"代码 2"，模式是"Override"。

（3）Form 级 WHEN-VALIDATE-ITEM 的代码是"代码 3"。

事件：发生 Item XXX 的 WHEN-VALIDATE-ITEM。

那么，实际先执行"代码 2"，然后执行"代码 1"。

7.2　触发器原理

Form 的触发器模型类似 Windows 系统的事件驱动模型，即当某个事件（如鼠标 Click）发生时，Forms Engine 会去找是否有相应的代码，如果有，就执行，没有的话就忽略该事件。

学习 Oracle Form 触发器，除了理解同一事件的"层次关系"外，更要理解不同事件的"先后关系"，这样才能在实际开发中选择准确合理的触发器，写出精要的代码。

7.2.1　触发器堆栈

当界面上某个动作发生的时候，Forms Engine 会把一系列要发生的事件按照"先后关系"压入执行堆栈，然后再从堆栈中将一个个事件"出栈"逐一执行，任一事件遇到 Raise Form-Trigger-Failure，Forms Engine 就停止执行、清空堆栈、Rollback 事务、设置光标返回到合适的 Item。

比如"光标从块 A 点入块 B"，实际将发生如下表所示事件。

事　件	触发器
Validate the item	When-Validate-Item
Leave the item	Post-Text-Item
Validate the record	When-Validate-Record

续表

事　件	触发器
Leave the record	Post-Record
Leave the block	Post-Block
Enter the block	Pre-Block
Enter the record	Pre-Record
Enter the Item	Pre-Text-Item
Ready block for input	When-New-Block-Instance
Ready record for input	When-New-Record-Instance
Ready item for input	When-New-Item-Instance

　　Forms Engine 会把这些事件压入执行堆栈，然后逐一执行，如果在某一事件（如 Pre-Block）中抛出 Form-Trigger-Failure，Forms Engine 会停止其下面所有事件的执行，并认为"光标从块 A 点入块 B"失败，把光标仍然留在块 A 中。

7.2.2　常用触发器及其执行顺序

　　常用触发器可参考第 3 章的内容以及附录 A，常用触发器执行顺序参考附录 D。

7.3　基于 EBS 模板开发的触发器

　　Template.fmb，其 Form 级有很多事件，统一处理各种未被明确处理的事件，统一设置界面的颜色等。其中有些不能在低级别中使用 Override，有些只能在低级别中使用 Before 或 After。

例如，有时候开发的 Form，按【F11】键进入查询模式，但记录颜色是白色的而不是我们习惯的浅蓝色，问题的症结在于其在 Block 级覆盖了 When-New-Record-Instace 触发器。

1. ACCEPT

可以删除原代码，并代之以自行开发的代码；或者编写 Block 级的代码并将其执行方式设置为 Override。

2. KEY-DUPREC

默认代码禁止了复制记录，我们可用自己的代码取代它。

3. KEY-CLRFRM

客户化代码必须放置在原有代码的后面。

4. KEY-LISTVAL

可编写 Block 级或 Item 级的触发器来重写。

5. POST-FORM

客户化代码须放在原有代码的前面。

6. PRE-FORM

开发人员需要输入 Form 的有关信息，并更改 Blockname。

7. QUER_FIND

可编写 Block 级的触发器来重写。

8. WHEN-NEW-FORM-INSTANCE

客户化代码须放置在原有代码的前面。

9．WHEN-NEW-BLOCK-INSTANCE

创建 Block 级的触发器，并设置执行方式为 Before。

10．WHEN-NEW-RECORD-INSTANCE

创建 Block 级的触发器，并设置执行方式为 Before，否则最常见的问题是【F11】查询呈白色。

11．WHEN-NEW-ITEM-INSTANCE

创建 Block 级或 Item 级的触发器，并设置执行方式为 Before。

7.4　对触发器的一些理解

7.4.1　On-Lock

对 On-lock 的理解，容易先入为主，为什么 If 里面只用了一个 Return，Form 怎么知道是否要锁？实际上 On 类型的数据库触发器是替换型的，On-lock 也不例外，所以只要 On-lock 不抛出异常，Form 就认为是锁成功了，至于实际的锁，可由 Select…For Update 完成，至于 If 判断只是进行更加严格的判定。

7.4.2　Pre-Form 和 When-New-Form-Instance

Pre-Form 可以理解为打开 Form 最先触发的事件，如果其失败，Form 就退出。所以变量（如 Global 和 Parameter）的初始化最好应该在 Pre-Form 里面。

When-New-Form-Instance 则是 Form 初始化完毕后定位到第一个块的第一个可导航的 Item 时触发的，通常用来定义弹性域和 Folder、查询某个块。

7.4.3 Post-Query 和 When-New-Record-Instance

假定数据库中有 10 条记录，块设置显示行数为 8，那么当执行完查询，将连续触发 8 次 Post-Query，仅触发 1 次 When-New-Record-Instance。这是因为前者是记录被提取到 Form 中触发的，后者是光标进入行时触发的。

如果在记录间移动光标，包括移回原来的记录，每次都将触发 When-New-Record-Instance；而只有移入第 9、10 条记录时才会触发 Post-Query，并且移回"老"记录，是不会再触发的。

通常在 Post-Query 中给某个字段赋值，而想根据字段的内容控制行或者某些字段的属性，通常在 When-New-Record-Instance 中处理。

7.4.4 When-Validate-Item 和 When-Validate-Record

字段被修改（包括改回原来的值）、清空，并在光标欲离开该字段时触发 When-Validate-Item，可以在里面编写验证代码，验证失败不允许光标离开。

当光标欲离开记录（如滚动、保存）时，将触发 When-Validate-Record，可以在这里对记录进行总体验证。

CHAPTER

08

说明性弹性域、键弹性域、键弹性域查询

8.1　说明性弹性域开发

8.1.1　关于说明性弹性域

说明性弹性域的实质是系统预留自定义字段，系统可以使用说明性弹性域获取业务所特有的重要附加信息。系统可以自定义说明性弹性域，以显示存储更多信息的字段，提供一套完整的"自定义"机制，可以用值集验证字段，字段间可以设置依赖关系等。

本书以基于基表的最简单例子来演示开发步骤。

8.1.2　基表要求：基表中需含有 1 个结构字段和若干个自定义字段

结构字段通常命名为 ATTRIBUTE_CATEGORY，长度为 30；自定义字段通常为 15个，命名为 ATTRIBUTE1...n，长度为 240：

```
-- Create table
create table CUX.CUX_FLEXFIELD_DEMO
(
  FLEXFIELD_DEMO_ID     NUMBER not null,
  CODE_COMBINATION_ID   NUMBER not null,
  DESCRIPTION           VARCHAR2(240),
  CREATION_DATE         DATE not null,
  CREATED_BY            NUMBER not null,
  LAST_UPDATED_BY       NUMBER not null,
  LAST_UPDATE_DATE      DATE not null,
  LAST_UPDATE_LOGIN     NUMBER,
  ATTRIBUTE_CATEGORY    VARCHAR2(30),
  ATTRIBUTE1            VARCHAR2(240),
  ATTRIBUTE2            VARCHAR2(240),
  ATTRIBUTE3            VARCHAR2(240),
```

```
    ATTRIBUTE4            VARCHAR2(240),
    ATTRIBUTE5            VARCHAR2(240),
    ATTRIBUTE6            VARCHAR2(240),
    ATTRIBUTE7            VARCHAR2(240),
    ATTRIBUTE8            VARCHAR2(240),
    ATTRIBUTE9            VARCHAR2(240),
    ATTRIBUTE10           VARCHAR2(240),
    ATTRIBUTE11           VARCHAR2(240),
    ATTRIBUTE12           VARCHAR2(240),
    ATTRIBUTE13           VARCHAR2(240),
    ATTRIBUTE14           VARCHAR2(240),
    ATTRIBUTE15           VARCHAR2(240)
);


-- Create/Recreate indexes
create unique index CUX.CUX_FLEXFIELD_DEMO_U1 on CUX.CUX_FLEXFIELD_DEMO
(FLEXFIELD_DEMO_ID)
    tablespace APPS_TS_TX_IDX;


-- Create/Recreate sequence
CREATE SEQUENCE CUX.CUX_FLEXFIELD_DEMO_S;


-- Create/Recreate synonum
CREATE SYNONYM CUX_FLEXFIELD_DEMO_S FOR CUX.CUX_FLEXFIELD_DEMO_S;


CREATE SYNONYM CUX_FLEXFIELD_DEMO FOR CUX.CUX_FLEXFIELD_DEMO;
```

8.1.3 注册要求：注册表和字段到 EBS 中

首先需要调用 EBS 标准过程完成，代码如下：

```
EXECUTE AD_DD.REGISTER_TABLE('CUX','CUX_FLEXFIELD_DEMO','T',2,10,0);
    EXECUTE   AD_DD.REGISTER_COLUMN('CUX','CUX_FLEXFIELD_DEMO','FLEXFIELD_
DEMO_ID',1,'NUMBER',38,'N','N');
    EXECUTE AD_DD.REGISTER_COLUMN('CUX','CUX_FLEXFIELD_DEMO','CODE_COMBINATION_
```

```
ID',2,'NUMBER',38,'N','N');
    EXECUTE AD_DD.REGISTER_COLUMN('CUX','CUX_FLEXFIELD_DEMO','DESCRIPTION',
3,'VARCHAR2',240,'Y','N');
    EXECUTE AD_DD.REGISTER_COLUMN('CUX','CUX_FLEXFIELD_DEMO','CREATION_DATE',
4,'DATE',9,'N','N');
    EXECUTE AD_DD.REGISTER_COLUMN('CUX','CUX_FLEXFIELD_DEMO','CREATED_BY',
5,'NUMBER',38,'N','N');
    EXECUTE AD_DD.REGISTER_COLUMN('CUX','CUX_FLEXFIELD_DEMO','LAST_UPDATED_
BY',6,'NUMBER',38,'N','N');
    EXECUTE AD_DD.REGISTER_COLUMN('CUX','CUX_FLEXFIELD_DEMO','LAST_UPDATE_
DATE',7,'DATE',9,'N','N');
    EXECUTE AD_DD.REGISTER_COLUMN('CUX','CUX_FLEXFIELD_DEMO','LAST_UPDATE_
LOGIN',8,'NUMBER',38,'Y','N');
    EXECUTE   AD_DD.REGISTER_COLUMN('CUX','CUX_FLEXFIELD_DEMO','ATTRIBUTE_
CATEGORY',9,'VARCHAR2',30,'Y','N');
    EXECUTE AD_DD.REGISTER_COLUMN('CUX','CUX_FLEXFIELD_DEMO','ATTRIBUTE1',
10,'VARCHAR2',240,'Y','N');
    EXECUTE AD_DD.REGISTER_COLUMN('CUX','CUX_FLEXFIELD_DEMO','ATTRIBUTE2',
11,'VARCHAR2',240,'Y','N');
    EXECUTE AD_DD.REGISTER_COLUMN('CUX','CUX_FLEXFIELD_DEMO','ATTRIBUTE3',
12,'VARCHAR2',240,'Y','N');
    EXECUTE AD_DD.REGISTER_COLUMN('CUX','CUX_FLEXFIELD_DEMO','ATTRIBUTE4',
13,'VARCHAR2',240,'Y','N');
    EXECUTE AD_DD.REGISTER_COLUMN('CUX','CUX_FLEXFIELD_DEMO','ATTRIBUTE5',
14,'VARCHAR2',240,'Y','N');
    EXECUTE AD_DD.REGISTER_COLUMN('CUX','CUX_FLEXFIELD_DEMO','ATTRIBUTE6',
15,'VARCHAR2',240,'Y','N');
    EXECUTE AD_DD.REGISTER_COLUMN('CUX','CUX_FLEXFIELD_DEMO','ATTRIBUTE7',
16,'VARCHAR2',240,'Y','N');
    EXECUTE AD_DD.REGISTER_COLUMN('CUX','CUX_FLEXFIELD_DEMO','ATTRIBUTE8',
17,'VARCHAR2',240,'Y','N');
    EXECUTE AD_DD.REGISTER_COLUMN('CUX','CUX_FLEXFIELD_DEMO','ATTRIBUTE9',
18,'VARCHAR2',240,'Y','N');
    EXECUTE AD_DD.REGISTER_COLUMN('CUX','CUX_FLEXFIELD_DEMO','ATTRIBUTE10',
19,'VARCHAR2',240,'Y','N');
```

```
    EXECUTE AD_DD.REGISTER_COLUMN('CUX','CUX_FLEXFIELD_DEMO','ATTRIBUTE11',
20,'VARCHAR2',240,'Y','N');
    EXECUTE AD_DD.REGISTER_COLUMN('CUX','CUX_FLEXFIELD_DEMO','ATTRIBUTE12',
21,'VARCHAR2',240,'Y','N');
    EXECUTE AD_DD.REGISTER_COLUMN('CUX','CUX_FLEXFIELD_DEMO','ATTRIBUTE13',
22,'VARCHAR2',240,'Y','N');
    EXECUTE AD_DD.REGISTER_COLUMN('CUX','CUX_FLEXFIELD_DEMO','ATTRIBUTE14',
23,'VARCHAR2',240,'Y','N');
    EXECUTE AD_DD.REGISTER_COLUMN('CUX','CUX_FLEXFIELD_DEMO','ATTRIBUTE15',
24,'VARCHAR2',240,'Y','N');
```

说明：

（1）注册表

```
AD_DD.REGISTER_TABLE(p_appl_short_name in varchar2, --应用名简称/所有者
                     p_tab_name       in varchar2, --表名
                     p_tab_type       in varchar2, --T 自动扩展/S 非自动扩展
                     p_next_extent    in number,  --下一区
                     p_pct_free       in number,
                     p_pct_used       in number)
```

（2）注册列

```
AD_DD.REGISTER_COLUMN(p_appl_short_name in varchar2,
                      p_tab_name       in varchar2,  --应用名简称/所有者
                      p_col_name       in varchar2,  --列名
                      p_col_seq        in number,    --序号，唯一
                      p_col_type       in varchar2,  --类型
                      p_col_width      in number,    --字段宽度
                      p_nullable       in varchar2,  --是否为空
                      p_translate      in varchar2,  --是否可以转换
                      p_precision      in number default null,
                      p_scale          in number default null)
```

用户可以自己编写工具包来自动生成注册脚本，或者可以使用 Excel 生成。

通过 Application Developer 职责→Flexfield→Descriptive→Register 注册弹性域，通常命名和表名一致，如下图所示。

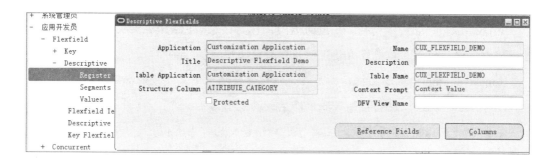

保存后单击"Columns"按钮，可以看到系统自动选中了所有 Attribute 字段，如下图所示。

说明：Application 弹性域注册的应用名称。

Name：说明性弹性域的名称，必须唯一；一般和表名一致。

Title：弹性域的标题，在今后的应用中，此说明性弹性域将会在窗口标题上显示在此定义的标题内容。

Description：说明。

Table Application：在（第三步）注册表和列时所指定的应用名称。

Table Name：注册时的表名称。

Structure Column：结构列，一般为 ATTRIBUTE_CATEGORY，必须是存在于注册过的列中。结构列的意义就是存放说明性弹性域上下文提示的值。

Context Prompt：上下文提示，是在说明性弹性域上下文字段的标题描述。

DFV View Name：说明性弹性域编译生成的视图名称。

Reference Fields：参考字段的主要作用与结构列的作用类似，可以在不选择上下文字段的情况下，系统根据参考字段的含义来对应显示不用的弹性域。举例说明，例如参考字段为 NAME，则在系统中输入 NAME 信息后，系统会自动根据 NAME 的信息来确定显示什么样的弹性域，这样就可以避免选择上下文字段来显示需要的弹性域。

8.1.4　字段要求：一个非数据库项

在数据块中手工创建一个字段，名字通常为 DESC_FLEX，子类为 TEXT-ITEM-DESC-FLEX，Prompt 为一对大括号，布局时通常放在最后，但不随滚动条滚动（Form 创建可参考前面的章节，直接基于基表创建数据块即可），设置 LOV 属性（List of Values 设置为 ENABLE_LIST_LAMP，Validate from List 设置为 NO，非必需），如下图所示。

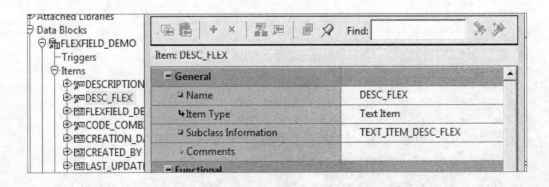

8.1.5　触发器要求：Form 级

WHEN-NEW-FORM-INSTANCE 中追加如下代码：

```
fnd_descr_flex.define(BLOCK         => 'FLEXFIELD_DEMO',
                      field         => 'DESC_FLEX',
                      appl_short_name => 'CUX',
                      desc_flex_name  => 'CUX_FLEXFIELD_DEMO');
```

8.1.6　触发器要求：块级

PRE-INSERT 中追加如下代码：

```
fnd_flex.event('PRE-INSERT');
```

PRE-UPDATE 中追加如下代码：

```
fnd_flex.event('PRE-UPDATE');
```

PRE-QUERY 中追加如下代码：

```
fnd_flex.event('PRE-QUERY');
```

POST-QUERY 中追加如下代码：

```
fnd_flex.event('POST-QUERY');
```

WHEN-VALIDATE-RECORD 中追加如下代码：

```
fnd_flex.event('WHEN-VALIDATE-RECORD');
```

注意：可以把这些触发器写在 Form 级，这样不需要每个块都写，不过如果为了其他功能在块级写了同名触发器，执行层次需要改为 Before。

8.1.7　触发器要求：Item 级

WHEN-NEW-ITEM-INSTANCE 中追加如下代码：

```
fnd_flex.event('WHEN-NEW-ITEM-INSTANCE');
```

WHEN-VALIDATE-ITEM 中追加如下代码：

```
fnd_flex.event('WHEN-VALIDATE-ITEM');
```

注意：可以把这些触发器写在 Form 级，这样不需要每个 Item 都写，不过如果为了其他功能在块级写了同名触发器，执行层次需要改为 Before。

8.1.8　启用弹性域

通过 Application Developer 职责→Flexfield→Descriptive→Segments 启用弹性域，并冻结，编译弹性域如下图所示。

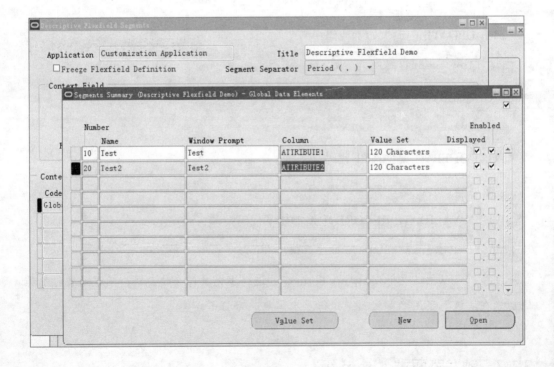

8.1.9 运行实例

上传编译后的运行效果如下图所示。

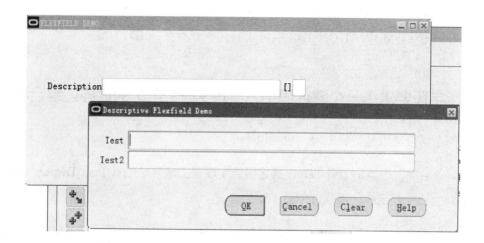

8.2 键弹性域开发

8.2.1 关于键弹性域

键弹性域具有足够的"弹性",它允许根据需要使用任意的代码组合以描述实体。系统可为每个键弹性域确定一个实体具有多少段、每个段的含义、每个段可具有的值以及每个段值表示的含义。系统也可以定义管理段值组合有效的规则（交叉验证规则），或定义段与段之间的相关性。从而系统可以使用其所需的代码。键弹性域通常用来处理有层次结构的编码，比如账户、类别等，极少自行客户化开发，一般都是使用系统标准的键弹性域而已。

本书以基于基表的最简单例子来演示如何使用系统标准的键弹性域。

8.2.2　基表要求：基表中需含有 1 个 ID 字段

键弹性域对应的表都有一个 ID 字段，如果在客户化开发中需要使用该表作为外键，当然需要一个外键 ID 字段，名字根据需要命名即可，比如本书实例的 CUX_FLEXFIELD_DEMO.CODE_COMBINATION_ID，实际上将用来保存账户 ID。

8.2.3　字段要求：一个键代码组合字段+一个可选的键描述组合字段

这两个字段可以是数据库项，也可以不是。

代码组合字段子类是 Text_Item，描述组合字段子类通常是 Text_Item_Display_Only；注意它们的长度要足够，不然可能放不下组合。

对代码组合字段，需要设置其 LOV 属性（List of Values 设置为 ENABLE_LIST_LAMP，Validate from List 设置为 NO，非必需）。

放置在画布上并调整显示布局，如下图所示。

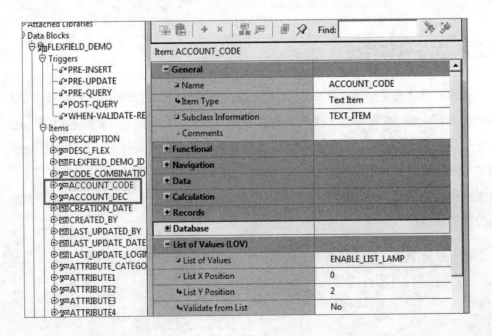

8.2.4　触发器要求：Form 级

WHEN-NEW-FORM-INSTANCE 中追加如下代码：

```
fnd_key_flex.define(BLOCK          => 'FLEXFIELD_DEMO',
                    field          => 'ACCOUNT_CODE',
                    description    => 'ACCOUNT_DESC',
                    appl_short_name => 'SQLGL',
                    code           => 'GL#',
                    id             => 'CODE_COMBINATION_ID',
                    required       => 'N',
                    usedbflds      => 'N',
                    validate       => 'FULL',
                    vrule          => '\\nSUMMARY_FLAG\\nI\\nAPPL=
SQLGL;NAME=GL_NO_PARENT_SEGMENT_ALLOWED\\nN\\0GL_GLOBAL\\nDETAIL_
POSTING_ALLOWED\\nE\\nAPPL=INV;NAME=INV_VRULE_POSTING\\nN',
                    num            => 101);
```

定义比较复杂，可以查阅 Oracle Applications Developer's Guide。

因为不同公司启用的结构不同，实际开发中不要写死 Num 值。

可以使用以下 SQL 语句查询不同键弹性域的定义：

```
SELECT app.application_short_name,
       app.application_name,
       flx.id_flex_code,
       flx.id_flex_name,
       str.id_flex_num,
       str.id_flex_structure_code,
       str.id_flex_structure_name
  FROM fnd_id_flexs           flx,
       fnd_id_flex_structures_vl str,
       fnd_application_vl      app
 WHERE flx.application_id = str.application_id
   AND flx.id_flex_code = str.id_flex_code
   AND flx.application_id = app.application_id
 ORDER BY 1, 3, 5
```

8.2.5　触发器要求：块级

PRE-INSERT 中追加如下代码：

```
fnd_flex.event('PRE-INSERT');
```

PRE-UPDATE 中追加如下代码：

```
fnd_flex.event('PRE-UPDATE');
```

PRE-QUERY 中追加如下代码：

```
fnd_flex.event('PRE-QUERY');
```

POST-QUERY 中追加如下代码：

```
fnd_flex.event('POST-QUERY');
```

WHEN-VALIDATE-RECORD 中追加如下代码：

```
fnd_flex.event('WHEN-VALIDATE-RECORD');
```

注意：可以把这些触发器写在 Form 级，这样不需要每个块都写，不过如果为了其他功能在块级写了同名触发器，执行层次需要改为 Before。

8.2.6　触发器要求：Item 级

WHEN-NEW-ITEM-INSTANCE 中追加如下代码：

```
fnd_flex.event('WHEN-NEW-ITEM-INSTANCE');
```

WHEN-VALIDATE-ITEM 中追加如下代码：

```
fnd_flex.event('WHEN-VALIDATE-ITEM');
```

注意：可以把这些触发器写在 Form 级，这样不需要每个 Item 都写，不过如果为了其他功能在块级写了同名触发器，执行层次需要改为 Before。

8.2.7　运行实例

上传编译后的运行效果如下图所示。

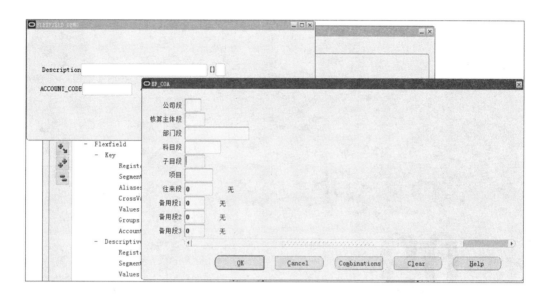

8.2.8　开发客户化键弹性域

如果需要开发客户化键弹性域，自定义字段通常为 15 个，命名为 SEGMENT1...n，长度为 30。开发过程基本与描述性弹性域相同，创建基表、注册表以及列、注册键弹性域、开发 Form、启用键弹性域、定义结构等，本文不再做过多赘述，可参考资料 Oracle Applications Developer's Guide。

CHAPTER

09

Folder、JTF Grid 开发

9.1　Folder 开发步骤（从头开始）

本节标题说明：“标准”指做 Folder 都要做而且是一样的步骤，可以考虑自己开发一个模板；“普通”指和做普通 Form 一样；“特殊”指做 Folder 都要做但需要根据实际内容进行修改处理。

9.1.1　什么是 Folder

Folder 不是 Form 的标准功能，而是 Oracle 自己在 EBS 开发中总结出来的“动态界面”，不同用户可以根据自己的需要，设置块中哪些字段需要显示以及显示顺序，而开发人员则无须关注布局。对于开发人员来说，要做的事情就是用“遵循 Folder 规范”换取“布局零工作量”。

9.1.2　创建数据库对象

创建数据库对象，同其他开发没有任何特殊之处：

```
-- Create table
create table CUX.CUX_FLODER_DEMO
(
  FLODER_DEMO_ID        NUMBER not null,
  NUMBER_FIELD1         NUMBER not null,
  NUMBER_FIELD2         NUMBER,
  NUMBER_FIELD3         NUMBER,
  NUMBER_FIELD4         NUMBER,
  DATE_FIELD1           DATE NOT NULL,
  DATE_FIELD2           DATE,
  VARCHAR2_FIELD1       VARCHAR2(100) NOT NULL,
  VARCHAR2_FIELD2       VARCHAR2(100),
```

```
    VARCHAR2_FIELD3       VARCHAR2(100),
    VARCHAR2_FIELD4       VARCHAR2(100),
    VARCHAR2_FIELD5       VARCHAR2(100),
    VARCHAR2_FIELD6       VARCHAR2(100),
    CREATION_DATE         DATE not null,
    CREATED_BY            NUMBER not null,
    LAST_UPDATED_BY       NUMBER not null,
    LAST_UPDATE_DATE      DATE not null,
    LAST_UPDATE_LOGIN     NUMBER,
    ATTRIBUTE_CATEGORY    VARCHAR2(30),
    ATTRIBUTE1            VARCHAR2(240),
    ATTRIBUTE2            VARCHAR2(240),
    ATTRIBUTE3            VARCHAR2(240),
    ATTRIBUTE4            VARCHAR2(240),
    ATTRIBUTE5            VARCHAR2(240),
    ATTRIBUTE6            VARCHAR2(240),
    ATTRIBUTE7            VARCHAR2(240),
    ATTRIBUTE8            VARCHAR2(240),
    ATTRIBUTE9            VARCHAR2(240),
    ATTRIBUTE10           VARCHAR2(240),
    ATTRIBUTE11           VARCHAR2(240),
    ATTRIBUTE12           VARCHAR2(240),
    ATTRIBUTE13           VARCHAR2(240),
    ATTRIBUTE14           VARCHAR2(240),
    ATTRIBUTE15           VARCHAR2(240)
);


-- Create/Recreate indexes
create unique index CUX.CUX_FLODER_DEMO_U1 on CUX.CUX_FLODER_DEMO
(FLODER_DEMO_ID)
    tablespace APPS_TS_TX_IDX;


-- Create/Recreate sequence
CREATE SEQUENCE CUX.CUX_FLODER_DEMO_S;
```

```
-- Create/Recreate synonum
CREATE SYNONYM CUX_FLODER_DEMO_S FOR CUX.CUX_FLODER_DEMO_S;

CREATE SYNONYM CUX_FLODER_DEMO FOR CUX.CUX_FLODER_DEMO;
```

9.1.3　复制 TEMPLATE.fmb 开发 Form

同普通 Form 开发一样，修改必要的程序，删除多余对象，可参考本书前面的章节。

9.1.4　复制标准 Folder 对象

打开 APPSTAND.fmb，把对象组"STANDARD_FOLDER"拖动到自己的 Form 中，在弹出的对话框中单击"Subclass"按钮，如下图所示。这和前面讲的查询块不同。

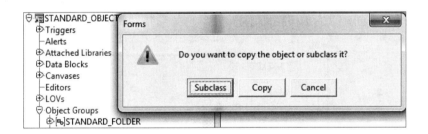

这样会自动产生一系列用于 Folder 的对象：块、画布、LOV/记录组、参数、Property Classes、Window，这些都不用修改。

9.1.5　引用 Folder 的 PLL 库

选中 Attached Libraries，单击"+"号，选择 APPFLDR.pll（见下图），如果本地没有，须先从服务器下载。

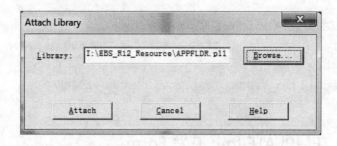

单击"Attach"按钮后单击"Yes"按钮移除绝对路径。

9.1.6　创建 Folder 块

按照普通步骤创建数据块，包括块和字段的子类、LOV、On-XXX 触发器、行指示符等，如果有弹性域，那么也需要 DF 字段和相关的触发器。

为规范起见，块名后加"FOLDER"，这里是"DEMO_FOLDER"，这种数据块称为"Folder 块"，创建以后如下图所示。

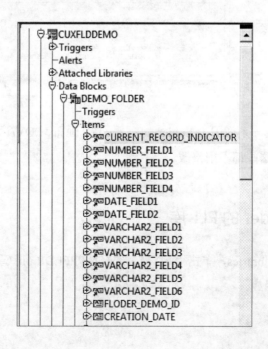

9.1.7　修改 Folder 块

创建 SWITCHER 字段手工添加字段，命名为 FOLDER_SWITCHER，子类为 SWITCHER，并编写触发器 WHEN-NEW-ITEM-INSTANCE，如下图所示。

```
app_folder_move_cursor('1');
```

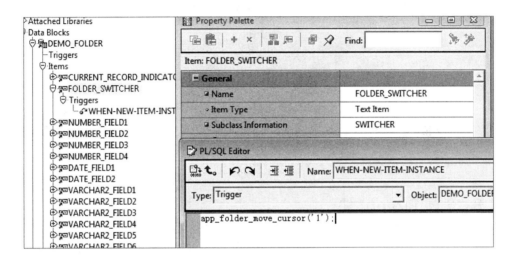

编写块级触发器，需要编写如下块级触发器：

```
WHEN-NEW-RECORD-INSTANCE

WHEN-NEW-BLOCK-INSTANCE

PRE-QUERY

POST-QUERY

PRE-BLOCK

POST-BLOCK

KEY-ENTQRY

KEY-EXEQRY

KEY-PREV-ITEM

KEY-NEXT-ITEM

KEY-PRVREC

KEY-NXTREC

KEY-CLRREC

KEY-CLRBLK
```

这些触发器（见下图）的内容都是：

```
app_folder.event('触发器名称');
```

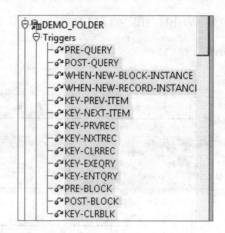

9.1.8　创建 Prompt 块

手工创建非数据库块，子类仍为 Block，为规范起见，块名后加"PROMPT"，本书实例是"DEMO_PROMPT"，这种数据块称为"Prompt 块"。

手工创建 6 个标准 Item，名称和子类必须如下表所示。生成的 Item 如下图所示。

名　称	类　型	子　类
FOLDER_TITLE	Push Button	DYNAMIC_TITLE
FOLDER_OPEN	Display Item	FOLDER_OPEN
FOLDER_DUMMY	Text Item	FOLDER_DUMMY
ORDER_BY1	Push Button	FOLDER_ORDERBY
ORDER_BY2	Push Button	FOLDER_ORDERBY
ORDER_BY3	Push Button	FOLDER_ORDERBY

9.1.9 修改 Prompt 块和 Folder 块

"Folder 块"中要显示多少字段，就需要在"Prompt 块"中创建多少同名字段（除了 SWITCHER 字段、行指示符、DF 字段，前者是 Folder 的特殊字段，后两者通常需要固定在内容画布上），并设置这些字段的关键属性，如下表所示。

属　　性	值
Type	Display Item
Subclass	FOLDER_PROMPT_MULTIROW
Initial Value	字段的 Prompt
Width	字段的宽度，根据实际需要调整，但是需要与 Folder 块对应字段保持一致
Prompt	注：清空

对"Folder 块"的字段，也需要清空 Prompt 属性，如下图所示。

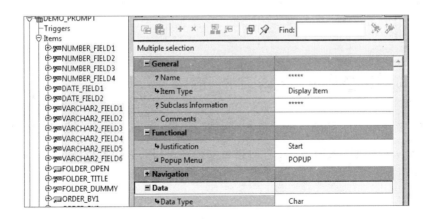

9.1.10　Folder 自动布局原理

下面我们先了解一下 Folder 是如何自动布局的：

（1）需要使用 Folder 功能的字段必须放在堆叠画布上，Folder 功能仅自动布局堆叠画布宽度和在其上的字段顺序。

（2）放在内容画布上的所有对象，包括堆叠画布自身在内容画布上的起始位置，需要我们和以前一样手工调整布局；只要布局得当，一个 Window 上可以有多个 Folder。

（3）自动布局的堆叠画布宽度 = 内容画布宽度 − 堆叠画布的 X 坐标-0.26，这个 0.26 正好可以让我们放垂直滚动条。此外，堆叠画布高度也会自动调整，调整时系统会自动计算水平滚动条的位置。

（4）最终界面的字段顺序由 Prompt 块字段的顺序决定，那么 Folder 块的字段在界面的排列顺序上如何自动和 Prompt 对应起来呢？系统依据字段名进行对应。

（5）最终界面【Tab】键导航的顺序仍然由 Folder 块字段的顺序决定，所以设计时注意两者要一致。

（6）系统并不自动决定字段的 Y 轴位置。Y 轴位置由字段自身属性决定，所以需要手工设置，通常 Prompt 块的 Y 轴位置为 0，Folder 块的 Y 轴位置为 0.25，即等于 Prompt 块的 Item 的高度。

（7）为操作方便，也为了标准化，通常需要放置一个文件夹按钮在内容画布的左上角，这个就是 Folder_Open 字段。

9.1.11　创建堆叠画布、内容画布、窗口

Floder 要求字段放置在堆叠画布上，为规范起见，画布名后加"FOLDER_STACK"，View 和 Canvas 的宽度无所谓，运行时将自动根据窗口的大小进行调整，右边会留出滚动条的位置。

另外，为规范起见，内容画布后也可加"FOLDER_CONTENT"。

设置这两个画布的子类，并设置它们的 Window 属性相同，如下图所示。

9.1.12　布局 Item 到画布

设置如下 Item 到画布：

（1）FOLDER_OPEN、FOLDER_DUMMY、行指示符、Folder 块的垂直滚动条，都设置到内容画布（FOLDER_CONTENT）上，并设计它们的位置。Folder_Open 按照其子类默认值即可：X 为 0.1、Y 为 0。将行指示符 X 修改为 0.1、Y 修改为 0.5。垂直滚动条的 Y 为 0.5，X 则需要在 Window 的 Resize 事件中设置，还记得那个 0.26 吗？

（2）堆叠画布在内容画布上的位置：X 为 0.2，Y 为 0.25，想想为什么。同时启用堆叠画布的水平滚动条。

（3）将 Folder 块的 SWITCHER 字段设置到堆叠画布。

（4）将 Folder 块的其他需要显示的字段都设置到堆叠画布，并且设置 Y 坐标为 0.25。

（5）将 Prompt 块的其他字段全部设置到堆叠画布，并且设置 Y 坐标为 0。

注意：FOLDER_TITLE 放置于内容画布（FOLDER_CONTENT）上，其宽度设置为 0，相关设置与普通 Form 开发一样，调整布局。

设置好的堆叠画布布局如下图所示。

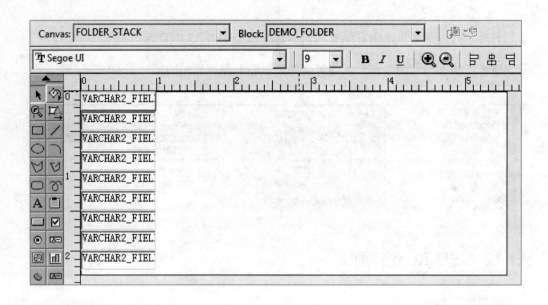

9.1.13 调整画布布局及位置

与 Tab 堆叠画布开发一样调整布局，方法参考本书前面的章节，调整以后的布局如下图所示。

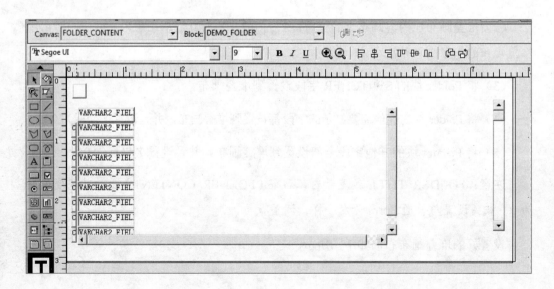

9.1.14　追加 Form 级触发器

在 FOLDER_ACTION 中追加如下代码：

```
app_folder.event(:global.folder_action);
```

在 KEY-CLRFRM 中追加如下代码：

```
app_folder.event('KEY-CLRFRM');
```

在 WHEN-WINDOW-RESIZED 中追加如下代码：

```
if :system.event_window in ('FLDDEMO') then
  app_folder.event('WHEN-WINDOW-RESIZED');
end if;
```

注意： 必须用代码对内容画布进行调整，因为改变窗口大小时，Form 不会自动调整。

在 WHEN-NEW-FORM-INSTANCE 中追加如下代码：

```
app_folder.define_folder_block(object_name        => 'CUXFLDDEMO_FD01',
                               folder_block_name  => 'DEMO_FOLDER',
                               prompt_block_name  => 'DEMO_PROMPT',
                               folder_canvas_name => 'FOLDER_STACK',
                               folder_window_name => 'FLDDEMO',
                               disabled_functions => '',
                               tab_canvas_name    => '',
                               fixed_canvas_name  => '');

app_folder.event('INSTANTIATE');
synchronize;
show_view('FOLDER_CONTENT');
```

最后一句是因为本例中内容画布上没有可导航的块，所以需要用代码使其显示。

定义 Folder 方法说明：

```
PROCEDURE define_folder_block(object_name varchar2,
folder_block_name  varchar2 default 'FOLDER',
prompt_block_name  varchar2 default 'PROMPT',
```

```
folder_canvas_name varchar2 default 'FOLDER',
folder_window_name varchar2 default 'FOLDER',
[disabled_functions] varchar2 default null,
[tab_canvas_name]   varchar2 default null,
[fixed_canvas_name]  varchar2 default null);
```

说明如下。

- object_name：对象名称，根据需要自己定义。但是定义 object_name 时要注意，这个名称必须是唯一的。一般的原则是 Application Short Name 为前缀，后面加有意义的名称，比如 FND_ALERTS。object_name 被用来标识所有用户为这个 Floder 所做的定制实例，并且这个名称也会出现在系统管理员的 Folder 管理界面，所以这个名称的定义还需要考虑描述清晰并具有可读性。

- folder_block_name：要定义具有 Folder 功能的 Block。

- prompt_block_name：具有 Folder 功能的 Block 对应的 Prompt Block。

- folder_canvas_name：具有 Folder 功能的 Block 上的 Item 所在的 Canvas，这个 Canvas 要求是堆叠画布。这个参数支持多个堆叠画布，多个不同的堆叠画布之间可以用逗号隔开。在一个 Folder Block 上的内容要显示到不同的 Tab 页上去的情况下，必须在这个参数中输入多个 Folder 画布名称。

- folder_window_name：Folder Canvas 所在的 Window 名称。

- disabled_functions：需要被屏蔽的功能，比如是否禁止交换位置，是否允许修改 Prompt 等，如果不需要屏蔽什么功能，就输入 NULL。

- tab_canvas_name：如果 Folder Block 要在某个 Tab 页上显示，这里填写 Tab Canvas 的名称（意义：不是 Tab 下的某个 Page 的名称）。这个参数在定义有 Tab 的 Folder 时是必需项。

- fixed_canvas_name：对于在某个 Tab 页上显示的 Folder Block，其垂直滚动条必须放置在一个单独的 Canvas 上，这个 Canvas 与 Folder Canvas 不能是同一个 Canvas。这个参数在定义有 Tab 的 Folder 时是必需项。

其他备注：

Form 中每个 Folder Block 只定义一次（即使这个 Block 上的 Item 会分成多个子集

显示到多个 Folder 画布上，那也只是 folder_canvas_name 参数中指定多个 Folder 画布）。

当一个 Form 中有多个 Folder Block 时，需要分别定义。每调用一次定义语句将使被定义的 Block 成为 active 的 Block。

9.1.15　设置 Form 第一导航块

设置 Form 第一导航块为数据块（可导航），如下图所示。

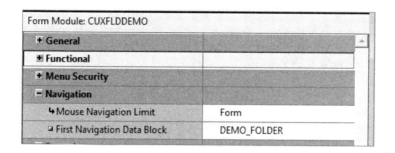

9.1.16　运行实例

上传编译后的运行效果如下图所示。

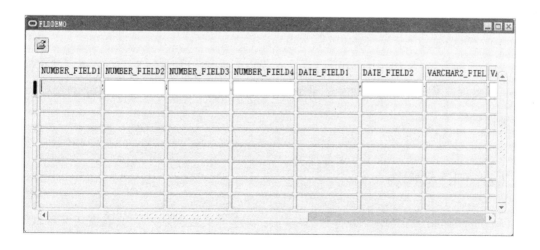

可以调整列宽度和顺序、隐藏或显示列，并可以保存布局；调整窗口大小，Folder
会自动调整适应。

注意：上述触发器代码可以全部组织到一个 Program Units 中。

9.1.17　高级 Folder 功能

Form 中 Folder 可以实现更高级功能，例如，组织 Folder 块的子集（Subsetting a Folder
Block）、隐蔽的 Folder 块、小计域（Folders and Total Fields）、混合块（Folders and
Combination Blocks）、单记录的 Folder（Single-record Folders）等，本书不做深入讲解，
读者可以参考 Oracle 文档深入研究。

9.2　Folder 开发步骤（基于模板）

本书提供基于模板的 Folder 开发模板，基于 Folder 模板开发可以减少很多重复性
开发工作，本书只对基于模板的 Folder 开发做简单介绍。

9.2.1　基于模板新建 Form

用 Form Builder 打开 TEMPLATE_FOLDER.fmb，把名称修改为一个有意义的名称，
并另存为相同名称的 fmb 文件。关闭 TEMPLATE_FOLDER.fmb，然后再打开刚才保存
的文件进行修改。

9.2.2　创建数据块

右击 Folder 数据块，运行数据块向导创建一个数据块，修改数据块名称（如
ITMRE_FOLDER）。

9.2.3　创建标题块

将 FOLDER_PROMPT 块名称修改为数据块_PROMPT，如 ITMRE_PROMPT，并把 FOLDER_PROMPT 数据块中的 FIELD1 项删除。

9.2.4　修改数据块

把数据块中需要显示的项设置为在堆叠画布 FOLDER_STK 中显示，并清空属性面板中的"提示"属性，然后把物理属性中的 X 轴坐标和 Y 轴坐标分别设置为 0 和 0.25。（项的子类属性按实际需要选择即可）

9.2.5　修改标题块

把上一步数据块设置的项复制到标题块数据块中（按住【Ctrl】键拖动，然后选择复制），并把这些项的子类信息设置为 FOLDER_PROMPT_MULTIROW，物理属性中的 X 轴坐标和 Y 轴坐标分别设置为 0 和 0,然后分别给它们定义一个有意义的初始值。这些项的宽度属性决定了在上一步设置的项的显示宽度，所以调节显示宽度需要在标题块的项里进行。

9.2.6　修改触发器

打开 WHEN-NEW-FORM-INSTANCE 触发器，追加如下代码：

```
app_folder.define_folder_block('PTSITMRE', 'ITEM_RELATION',
'ITMRE_PROMPT', 'FOLDER_STK', 'MAIN');
app_folder.event('INSTANTIATE');
```

其中 app_folder.define_folder_block 中的参数含义依次为：Form 名、数据块名、PROMPT 数据块名、堆叠画布名、主窗口名。

以上六个步骤完成之后，即可完成 Folder 开发。

注意：Folder 显示的项不需要手动去画布里调整布局，运行的时候会自动排列。横向滚动条会自动产生。

9.3　JTF Grid 开发步骤

本节标题说明：标准指做 JTF Grid 都要做而且是一样的步骤，可以考虑做个模板；普通指和做普通 Form 一样；特殊指做 JTF Grid 都要做但需要根据实际内容进行修改。

9.3.1　关于 JTF Grid

JTF Grid 不是 Form 的标准功能，而是 Oracle 自己在 EBS 开发中总结出来的"可配置块字段"：块中有多少字段可以通过专门的界面定义。

对于开发来说，要做的事情就是用"遵循 JTF Grid 规范"换取"增删字段无须修改 Form 代码"。

9.3.2　复制 TEMPLATE.fmb 开发 Form

同普通 Form 开发一样，修改必要的程序，删除多余对象，可参考本书前面章节。

9.3.3　复制标准 JTF Grid 对象

1. 对象组

打开 JTFSTAND.fmb，把对象组"JTF_GRID"拖动到自己的 Form 中，在弹出的对话框中单击"Subclass"按钮，这和前面讲的 Folder 一样。

这样会自动产生一系列用于 JTF_GRID 的对象：块、画布、参数、Property Classes、

Window，尤其注意 Form 级触发器 JTF_GRID_EVENT。这些都不用修改。

2．过程

从 JTFSTAND.fmb 复制 JTF_CUSTOM_GRID_EVENT 过程到自己的 Form 中，然后补上事件处理，暂时全部设置为 null：

```
PROCEDURE jtf_custom_grid_event(gridname  IN VARCHAR2, eventtype IN
VARCHAR2) IS
BEGIN
  IF eventtype = jtf_grid_events.hyperlink_event THEN
    NULL;
  ELSIF eventtype = jtf_grid_events.new_record_event THEN
    NULL;
  ELSIF eventtype = jtf_grid_events.popup_event THEN
    NULL;
  ELSIF eventtype = jtf_grid_events.row_selection_event THEN
    NULL;
  ELSIF eventtype = jtf_grid_events.end_of_find_event THEN
    NULL;
  ELSIF eventtype = jtf_grid_events.doubleclick_event THEN
    NULL;
  END IF;
END;
```

9.3.4　引用 JTF Grid 的 PLL 库

选中 Attached Libraries，单击"＋"号，选择 JTF_GRID.pll，其将自动引用 JTF_UTIL、JTFDEBUG。如果本地没有须先从服务器下载。

9.3.5　创建数据库对象

创建数据库对象，没有任何特殊之处，可以使用现成的 View 和 Table，本例使用

gl_je_headers_v。做之前请确保有总账凭证，否则没有数据；或者你也可以随便换个有数据的视图，但下面的电子表格定义、触发器代码要注意跟着改。

9.3.6 定义 CRM 电子表格

路径：CRM Adminstrator/Spreadtable/Metadata Administraion。

输入电子表格名称、源视图、字段定义，如下图所示。

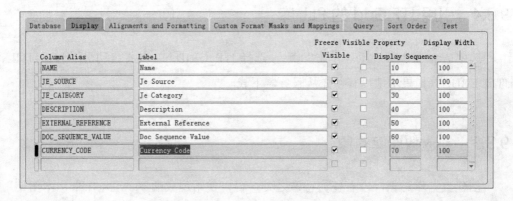

9.3.7　创建 Grid 块

手工创建非数据库块，为规范起见，块名后加 "GRID"，这里是 "DEMO_GRID"。

当然，从 Template 开始的常规修改步骤也是要做的。

9.3.8　修改 Grid 块

手工创建非数据库项（见下表），并设置这些字段的关键属性，如下图所示。

字 段 名	子 类	说 明
READONLY_GRID	JTF_GRID_ITEM	必须，名字随便
FIND	BUTTON	可选
DETAIL	BUTTON	可选

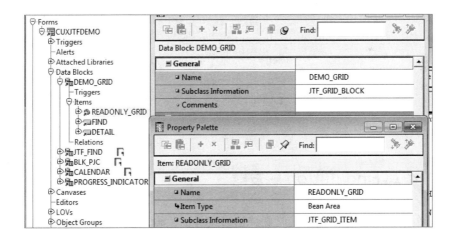

9.3.9　布局 Item 到画布

把 DEMO_GRID 布局到画布，什么画布都可以，我们需要设置其在画布的启示位置、高度、宽度，因为设计时在画布上不容易看到，我们可以直接设置属性，如下图所示。

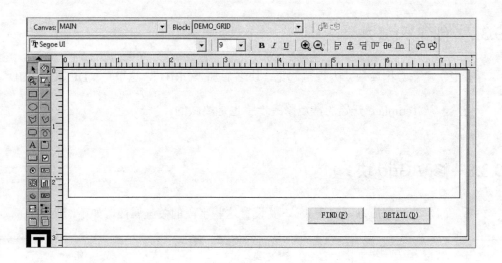

9.3.10 追加 Form 级触发器

在 WHEN-NEW-FORM-INSTANCE 中追加如下代码:

```
IF NOT jtf_grid.getbooleanproperty('DEMO_GRID.READONLY_GRID',
                        jtf_grid_property.initialized) THEN
  jtf_grid.init('DEMO_GRID.READONLY_GRID', 'GL_JE_HEADERS_V');
  jtf_grid.setbooleanproperty('DEMO_GRID.READONLY_GRID',
                    jtf_grid_property.allow_multiple_row_selection,
                    FALSE);
END IF;
```

9.3.11 编写 Find Button 触发器

用户单击 "FIND" 按钮,通常会弹出查询界面,输入完条件再执行查询。

本书实例省去查询条件界面,直接在单击 "FIND" 按钮后的 WHEN-BUTTON-PRESSED 中编写如下代码:

```
jtf_grid.removeallbindvariables('DEMO_GRID.READONLY_GRID');

--jtf_grid.setbindvariable('DEMO_GRID.READONLY_GRID','CURRENCY_CODE','CNY');
```

```
jtf_grid.setcharproperty('DEMO_GRID.READONLY_GRID',
                    jtf_grid_property.where_clause,
                    'CURRENCY_CODE=''CNY''');
IF jtf_grid.getbooleanproperty('DEMO_GRID.READONLY_GRID',
                        jtf_grid_property.is_populated) THEN
   jtf_grid.refresh('DEMO_GRID.READONLY_GRID');
ELSE
   jtf_grid.populate('DEMO_GRID.READONLY_GRID');
END IF;
```

9.3.12　处理选择事件

用户选中某行后，我们可以根据其选中的信息去打开一个普通块，这样首先需要在单击 "FIND" 按钮后的 WHEN-BUTTON-PRESSED 中编写如下代码：

```
jtf_grid.RequestRowSelection('DEMO_GRID.READONLY_GRID');
```

可以打开该包查看其具体作用。然后在过程 jtf_custom_grid_event 中响应选择事件：

```
PROCEDURE jtf_custom_grid_event(gridname  IN VARCHAR2,
                        eventtype IN VARCHAR2) IS
   grid_selection JTF_GRID_PROPERTY.ROW_SELECTION_TYPE;
   l_startRow number;
BEGIN
  IF eventtype = jtf_grid_events.hyperlink_event THEN
    NULL;
  ELSIF eventtype = jtf_grid_events.new_record_event THEN
    NULL;
  ELSIF eventtype = jtf_grid_events.popup_event THEN
    NULL;
  ELSIF eventtype = jtf_grid_events.row_selection_event THEN
    grid_selection := jtf_grid.GetRowSelection('DEMO_GRID.READONLY_GRID');
    if grid_selection.COUNT > 0 then
      l_startRow := grid_selection(1).startRow;
```

```
      fnd_message.debug(jtf_grid.GetColumnCharValue('DEMO_GRID.
READONLY_GRID', l_startRow, 'NAME'));
        --Do any thing here
      END IF;
    ELSIF eventtype = jtf_grid_events.end_of_find_event THEN
      NULL;
    ELSIF eventtype = jtf_grid_events.doubleclick_event THEN
      null;
    END IF;
  END;
```

9.3.13   运行实例

上传编译后的运行效果如下图所示。

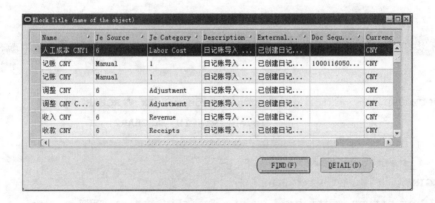

注意：上述触发器代码通常全部组织到一个名字为 "JTF_CUSTOM" 的 Program Units 中，这样就可以定义一个变量 GRID_NAME 来保存字段名，避免每处代码重复编写'DEMO_GRID.READONLY_GRID'。

如果要使 Window 变化时 Grid 跟着变化，那么需要参考 Folder 的做法，在 WHEN-WINDOW-RESIZED 触发器中调整画布大小、Grid 的大小。

CHAPTER

10

多语言开发

本书对多语言开发只做简单介绍，不再做实例参考，读者可以根据本书讲解自己动手练习。

10.1　国际化支持

EBS 的国际化支持又称多语言支持，具体包含的层面如下。

- 数据库级别：字符集支持多国语言，如 UTF8 支持全球所有语言。

- 数据级别：采用_B 表+_TL 表+ENV('LANG')环境变量+_VL 表+"小地球"来实现。

- 消息级别：所有消息，通过分语种维护的消息字典获取。

- 文件级别：采用分语种目录的形式来实现 Forms、Reports 的国际化支持。

10.2　Form 自身的多语言版本

EBS 运行时根据系统语言找到对应语言的 Form 可执行文件（fmx 文件），实际上是根据用户登录时选择的语言，首先到$<应用简称>_TOP/forms/<语言代码>下查找 fmx 文件，如果没有则继续在$<应用简称>_TOP/forms/US 下查找。

也就是说，需要我们维护不同语言的 Form 编译到不同的目录。不过 Oracle 提供了"Oracle Translation Builder（OTB）"工具，可以将多个语言的字符串保存到 1 个 fmb 文件，这样在设计时根据 NLS_LANG 自动显示该语言的内容，编译、运行时也是同样的道理。

更多多语言方面的转换请参考 Note:372952.1 "Customer Translations"。

10.3　数据多语言开发步骤

要求熟练掌握基于 Template、基于 View 的开发过程；熟悉 EBS 中"小地球"的操作。

下面结合例子直接说明开发步骤和注意点，假定只有 2 个字段，1 个需要维护多语言信息，不考虑弹性域字段。

10.3.1　数据库对象的要求：基表 B

与常规数据库对象一样。

```
create table CUX.CUX_MULTILINGUAL_DEMO_B
(
  MULTILINGUAL_DEMO_ID        NUMBER not null,
  MULTILINGUAL_DEMO_CODE      VARCHAR2(30) not null,
  CREATED_BY                  NUMBER(15) not null,
  CREATION_DATE               DATE not null,
  LAST_UPDATED_BY             NUMBER(15) not null,
  LAST_UPDATE_DATE            DATE not null,
  LAST_UPDATE_LOGIN           NUMBER(15)
);
create unique index CUX.CUX_MULTILINGUAL_DEMO_B_U1 on CUX.CUX_MULTILINGUAL_
DEMO_B (MULTILINGUAL_DEMO_ID)
tablespace APPS_TS_TX_IDX;

Create Sequence CUX.CUX_MULTILINGUAL_DEMO_B_S;

Create Synonym CUX_MULTILINGUAL_DEMO_B For CUX.CUX_MULTILINGUAL_DEMO_B;
Create Synonym CUX_MULTILINGUAL_DEMO_B_S For CUX.CUX_MULTILINGUAL_
DEMO_B_S;
```

10.3.2　数据库对象的要求：多语言表 TL

主键字段：基表主键+LANGUAGE。

其他字段：需要维护多语言的字段+Who 字段+SOURCE_LANG。

```
create table CUX.CUX_MULTILINGUAL_DEMO_TL
(
  MULTILINGUAL_DEMO_ID  NUMBER not null,
  DESCRIPTION           VARCHAR2(255),
  LANGUAGE              VARCHAR2(4) not null,
  CREATED_BY            NUMBER(15) not null,
  CREATION_DATE         DATE not null,
  LAST_UPDATED_BY       NUMBER(15) not null,
  LAST_UPDATE_DATE      DATE not null,
  LAST_UPDATE_LOGIN     NUMBER(15),
  SOURCE_LANG           VARCHAR2(4) not null
);
create unique index CUX.CUX_MULTILINGUAL_DEMO_TL_U1 on CUX.CUX_MULTILINGUAL_
DEMO_TL(MULTILINGUAL_DEMO_ID, LANGUAGE)
tablespace APPS_TS_TX_IDX;


Create Synonym CUX_MULTILINGUAL_DEMO_TL For CUX.CUX_MULTILINGUAL_DEMO_TL;
```

10.3.3　数据库对象的要求：视图 VL

该视图根据登录用户的语言过滤数据：

```
Create Or Replace View CUX_MULTILINGUAL_DEMO_VL As
SELECT b.ROWID row_id,
       b.multilingual_demo_id,
       b.multilingual_demo_code,
       t.description,
       b.created_by,
       b.creation_date,
```

```
        b.last_updated_by,
        b.last_update_date,
        b.last_update_login
  FROM cux.cux_multilingual_demo_b b, cux.cux_multilingual_demo_tl t
 WHERE b.multilingual_demo_id = t.multilingual_demo_id
   AND t.LANGUAGE = userenv('LANG');
```

10.3.4　数据库对象的要求：表操作 API

需要同时操作 TL 表，同时提供 add_language 过程，供 EBS 启用新语言时使用。以下代码仅关注 "--Process TL table here" 部分即可：

```
/*======================================
  ** PROCEDURE:   insert_row()
  **====================================*/

  --Process TL table here
     INSERT INTO cux.cux_multilingual_demo_tl
        (multilingual_demo_id,
         description,
         created_by,
         creation_date,
         last_updated_by,
         last_update_date,
         last_update_login,
         LANGUAGE,
         source_lang)
     SELECT x_multilingual_demo_id,
            p_description,
            p_created_by,
            p_creation_date,
            p_last_updated_by,
            p_last_update_date,
            p_last_update_login,
```

```
            l.language_code,
            userenv('LANG')
      FROM applsys.fnd_languages l
      WHERE l.installed_flag IN ('I', 'B')
        AND NOT EXISTS
        (SELECT NULL
               FROM cux.cux_multilingual_demo_tl t
              WHERE t.multilingual_demo_id = x_multilingual_demo_id
                AND t.language = l.language_code);
/*======================================
  ** PROCEDURE:   lock_row()
**======================================*/
--Process TL table here
    CURSOR c1 IS
       SELECT description
         FROM cux.cux_multilingual_demo_tl
        WHERE multilingual_demo_id = p_multilingual_demo_id
          AND LANGUAGE = userenv('LANG')
          FOR UPDATE OF multilingual_demo_id NOWAIT;


/*======================================
  ** PROCEDURE:   update_row()
**======================================*/
--Process TL table here
    UPDATE cux.cux_multilingual_demo_tl
       SET description       = p_description,
           source_lang       = userenv('LANG'),
           last_update_date  = p_last_update_date,
           last_updated_by   = p_last_updated_by,
           last_update_login = p_last_update_login
     WHERE multilingual_demo_id = p_multilingual_demo_id
       AND userenv('LANG') IN (LANGUAGE, source_lang);


/*======================================
  ** PROCEDURE:   delete_row()
```

```
**======================================*/
 --Process TL table here
    DELETE FROM cux.cux_multilingual_demo_tl
      WHERE multilingual_demo_id = p_multilingual_demo_id;
```

完整程序参考 cux_multilingual_demo_pkg.pkg。

10.3.5　Form 对象的要求：2 个 Form 级触发器

PRE-BLOCK 触发器，Form 级使"小地球"功能禁用，块级根据需要启用：

```
app_special.disable('TRANSLATE');
```

POST-FORMS-COMMIT 触发器：

```
FND_MULTILINGUAL.SAVE;
```

10.3.6　Form 对象的要求：5 个 Block 级触发器

PRE-BLOCK 触发器，Form 级使"小地球"功能禁用，块级根据需要启用：

```
app_special.enable('TRANSLATE');
```

POST-INSERT 触发器，和具体的开发无关：

```
FND_MULTILINGUAL.KEY;
```

WHEN-CLEAR-BLOCK 触发器，和具体的开发无关：

```
FND_MULTILINGUAL.FREE_BLOCK;
```

WHEN-REMOVE-RECORD 触发器，和具体的开发无关：

```
FND_MULTILINGUAL.FREE_RECORD;
```

TRANSLATIONS 触发器，关键代码，和具体的开发相关，下面同时摘录过程参数说明：

```
-- EDIT- called in WHEN-BUTTON-PRESSED
```

```
--    block- name of translated block
--    key_columns- names of primary key columns
--            e.g. 'key1, key2'
--    trans_columns- names of translated columns
--            e.g. 'trans1, trans2'
--    header_columns- the user-visible names of the
--            translated columns.  Prefixing
--            with a '*APP:' indicates message
--            dictionary translation, where
--            APP is the application of the msg.
--            e.g. '*FND:ML_KEY1, *FND:ML_KEY2'
--    table_name - name of base table
--            (defaults to <block>)
--    tltable_name - name of translations table
--            (defaults to <block>_TL)
--    validation_callback - optional stored procedure to validate
--      translations.  Callback API must be in the form:
--        VALIDATE_CALLBACK(<key_columns> IN VARCHAR2,
--                LANGUAGE IN VARCHAR2,
--                <trans_columns> IN VARCHAR2);
--
--procedure EDIT(block        IN VARCHAR2,
--            key_columns     IN VARCHAR2,
--            trans_columns   IN VARCHAR2,
--            header_columns  IN VARCHAR2,
--            table_name      IN VARCHAR2 default null,
--            tltable_name    IN VARCHAR2 default null,
--            validation_callback IN VARCHAR2 default null)
FND_MULTILINGUAL.EDIT('MULTILINGUAL_DEMO', 'MULTILINGUAL_DEMO_ID',
            'DESCRIPTION', '*FND:ML_DESCRIPTION', 'CUX_MULTILINGUAL_
DEMO_B', 'CUX_MULTILINGUAL_DEMO_TL');
```

10.3.7 Form 对象的要求：多语言字段在画布的显示

多语言字段（本例的 DESCRIPTION）需要与普通字段一样显示在画布上，理由很简单：

（1）显示、维护当前 Session 语言对应的内容。

（2）在 EBS 只有一种语言时，单击"小地球"是无法弹出多语言界面的。

10.4　EBS 启用新语言时的考虑

假如现在 EBS 只有 US，如果哪天启用了新语言（如 ZHS），那么对新增的记录没有问题，但对于已经在 TL 表中的记录将缺少一种语言的数据，这该如何处理？

首先当然可以通过编写脚本升级，或直接调用开发时就编写好的表操作 API 中的 add_language 过程。

也可参照系统标准做法，但是该方法仅作为参考，不推荐使用。

10.4.1　EBS 启用新语言的过程

（1）在 OAM 中通过 Site Map/License Manager/Language 启用新语言。

（2）用 ADADMIN，在/Maintain Applications Database Entities/Maintain Multi-lingual Tables 更新所有多语言表。

（3）打多语言 Patch（补丁）。

这里的关键步骤是（2），下面结合 mtl_system_items_tl 的更新进行说明。

10.4.2　Maintain Multi-lingual Tables 核心过程

（1）分析$FND_TOP/admin/applpord.txt 文件，里面有关于 INV 模块的定义：

```
......
# ##################################################
# Inventory
```

```
# ##################################################
#
# application id, abbreviation, shortname, prefix
401 inv INV APP
# multiple product installations for msob, "controlled release", shared only
#   optional fourth field is "stub product".  default is No
Yes No No No
# multilingual, has NLADD.sql
Yes Yes
……
```

说明 INV 模块有多语言支持。

（2）调用$INV_TOP/sql/INVNLINS.sql 来更新多语言表，其中有如下代码调用：

```
curpkg := 'INV_ITEM_PVT';
INV_ITEM_PVT.add_language;
commit;
```

10.4.3　如何客户化

（1）编写客户化表的 add_language。

（2）修改 applprod.txt，加入客户化信息。

（3）编写客户化应用的<prod>NLINS.sql。

CHAPTER

11

附件开发

11.1   关于附件

Oracle ERP 二次开发中使用的附件方式有三种：

一是通过标准功能，在系统管理员中定义即可，不用编写代码就可以使任何 Form（包括客户化 Form）具有附件功能，这也是本章介绍的内容。

二是通过 PL/SQL Gateway，需要我们编写代码完成；该方式其实和方式一的后台实现是一样的。

三是对于大存储附件可以单独搭建附件服务器，利用 Web 界面开发实现附件上传/下载功能，本书不做过多介绍。

11.2   标准附件设置

11.2.1   表及其关系

fnd_attached_****系列的表保存在开发员职责里面的附件定义。

fnd_documents_****系列的表保存最终用户的具体的附件业务数据，file 类型的附件存储在 fnd_lobs 表中。

fnd_documents_tl.media_id 可以关联到 fnd_documents_long_text.media_id、fnd_lobs.file_id、fnd_documents_shot_text.media_id，取得相应的附件内容。

11.2.2   定义 Entity 实体

路径：Application Developer/Attachments/Document Entities。

其实就是定义表，主要字段说明如下表所示。

字 段 名	说　　　明
Table	输入表名即可
Entity ID	输入表名即可，如果在同一个表中定义多个实体，可以用"表名_N"的形式
Entity Name	输入一个比较友好的名字
Prompt	没什么用
Application	如果是定义在 Oracle 标准表上，最好也用我们自己的应用名，否则升级的时候会丢失

示例如下图所示。

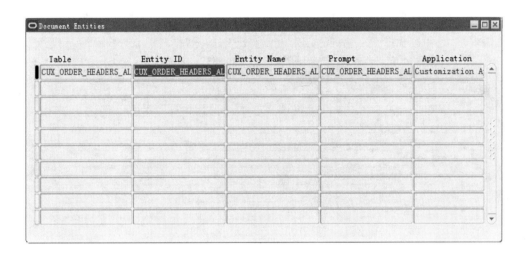

实体起着联系各个 Form 中的附件的作用，比如组织层物料定义的附件可以在采购订单行上看到，就是因为这两个 Form 共同关联着 Items 这个实体。

11.2.3　定义 Categories 类别

路径：Application Developer/Attachments/Document Categories。

其实就是定义一个类别或者说一个标志，可以直接用系统的 Miscellaneous。说明如下表所示。

字 段 名	说　　明
Category	输入任意一个名字即可
Default Datatype	最好选择应用这个 Category 常用的类型，比如文件
Effective Dates	默认，不填即可
Assignments	按钮，查看关联到哪些 Function 或者 Form

示例如下图所示。

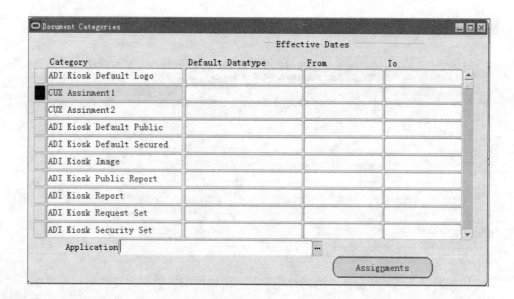

11.2.4　定义 Attachement Function

路径：Application Developer/Attachments/Attachment Functions。

定义附件启用的功能或者 Form。说明如下表所示。

字 段 名	说 明
Type	一个 Form 可能关联几个 Function（进一步关联几个菜单），如果附件在不同的 Function 下可能不同，比如 Category 不同（从而可以过滤附件，这就是所谓的安全性），这里选择 Function；如果附件不需要区分 Function，这里就选择 Form
Name	Form 或者 Function 的名字
User Name Field	自动出来
Session Context	—

示例如下图所示。

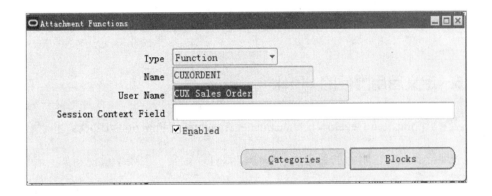

11.2.5 定义 Function 和 Category 关联

路径：Application Developer/Attachments/Attachment Functions/Categories。

工作原理：一个 Form（或 Function）关联到一个或多个 Category，最终用户把附件添加到这个 Form 上的一条记录上时，需指定一个 Category。到这里 Category 还没有显示出什么作用，也就是如果仅仅一个地方会用到这个附件，Category 就没什么用。如果同一个实体的附件会在其他 Form 上出现，如一个 Item 的附件需要在 Order Line 上被显示出来，那么，假如用户上传了一个图片作为附件，并分配 Category 为 xxxxx，如果 Order Form 的 Category 没有包含 xxxxx，在 Order Line 上将看不到那个附件。

示例如下图所示。

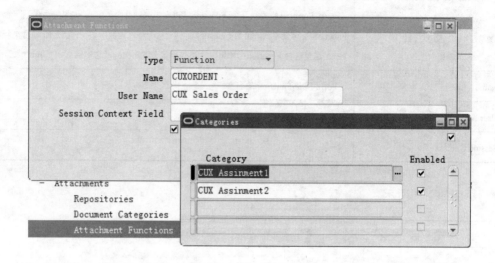

11.2.6 定义启用附件的 Block

路径：Application Developer/Attachments/Attachment Functions/Blocks。

定义 Form 上包含附件的数据块，每个块都可以定义，主要字段说明如下表所示。

字 段 名	说　　　明
Block Name	输入 Form 中的块名
Method	一般 Base Entity 选择 Allow Change，如果是引用的选择 Query Only
Secured By	这个可以进一步限制安全性，可以不定

示例如下图所示。

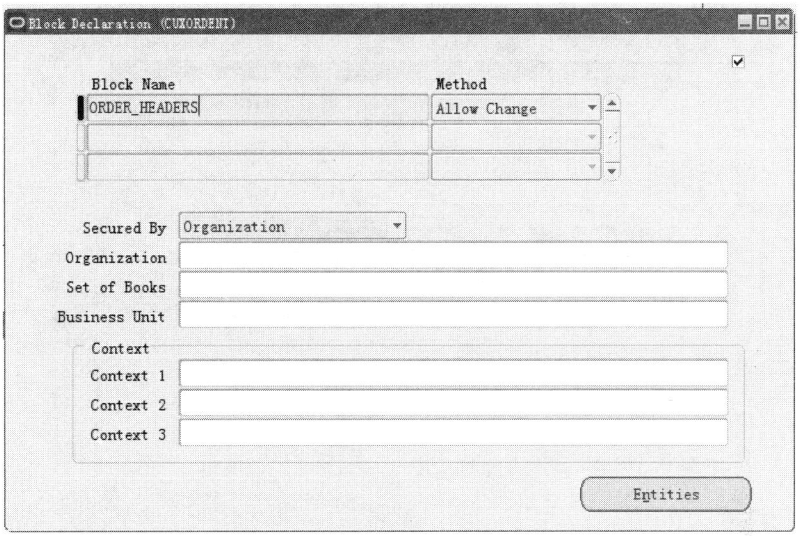

11.2.7 定义 Block-Entity 关系

路径：Application Developer/Attachments/Attachment Functions/Blocks/Entities。

主要字段说明如下表所示。

字 段 名	说　　明
Entity	选择上面定义的实体，一行一个
Display Method	基础实体选择 Main Window，引用实体选择 Related Window
Include in Indicator	基础实体打钩，引用实体不选择；这个选项用来初始化工具栏上的图标，选不选都不影响功能
操作许可	分别定义 Query、Insert、Update、Delete，基础实体一般允许全部操作，引用对象不能有 Insert，其他的看需要
定义条件	根据条件更加灵活地定义"操作许可"范围

示例如下图所示。

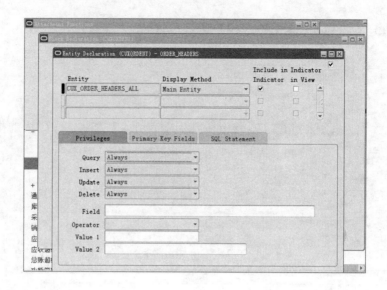

11.2.8　定义关键字

定义关键字段，一般是主键，这里指块上的 Item 而非表里面的，所以需要用"块名.Item 名"，按顺序定义。示例如下图所示。

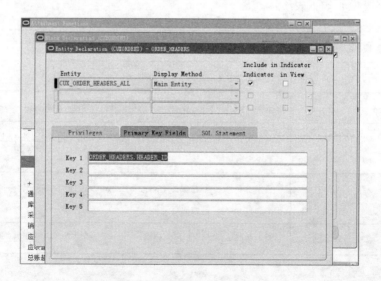

基础实体和引用实体定义的关键字顺序要一致。

11.2.9　使用过程

打开 Form，查询记录或者输入新记录，此时工具栏上的"Attachment"按钮是可用的，如下图所示。

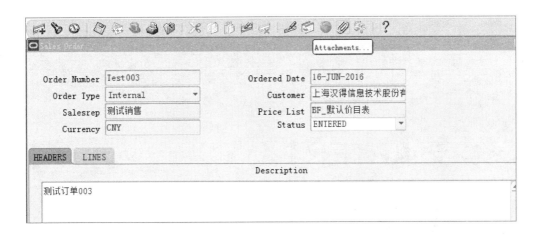

单击"Attachment"按钮会打开附件窗口，可以为不同的 Category 选择各种类型的附件，如下图所示。

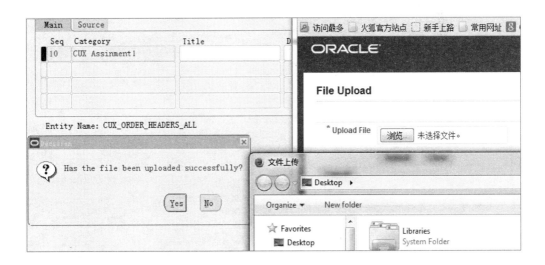

CHAPTER

12

JavaBean

12.1　Form 与 Java

12.1.1　Form 就是 Java

虽然我们在设计 Form、编写 PL/SQL 代码的时候，感觉不到 Java 的影子，但在执行时，其确确实实被转化为 Java Applet 在 Jinitiator 这个 JVM 中运行，我们在块中创建的 Item，其实际也对应一个个 Java 类，看下表中的类列表，应该知道分别对应 Form 中的哪些 Item。

Oracle Forms Java UI Classes	
oracle.forms.ui.VButton	oracle.forms.ui.VRadioButton
oracle.forms.ui.VCheckBox	oracle.forms.ui.VRadioGroup
oracle.forms.ui.VComboBox	oracle.forms.ui.VTextArea
oracle.forms.ui.VImage	oracle.forms.ui.VTextField
oracle.forms.ui.VPopList	oracle.forms.ui.VTList

注意：这些类在应用服务器的$ORACLE_HOME/forms/java 下面。

12.1.2　关于 Implementation Class

在 Forms Builder 中，Item 中有一个"Implementation Class"属性，其用来指定一个 Item 到底继承自上表的哪个 Java 类。标准的 Item，其 Implementation Class 都置空，无须明确指定，因为 Oracle 内置了对应关系。

但如果要在 Form 中使用非标准的类，比如我们自行扩展的，则必须明确设置 Item 的"Implementation Class"属性，并且是带包名的全称，如 cux.TextReader。

12.1.3　Form 中的 Java 类规范

一个类要在 Form 中使用，其必须符合 Oracle Form 的设计规范，简单地说，就是要实现 oracle.forms.ui.IView 接口。上述的 VXXX 类无一例外都继承了 IView。

Oracle 还提供了实现 IView 接口的 VBean 类，如果用户欲创建的类不需要从其他类继承，则可以直接继承 VBean，省略麻烦的 IView 实现。

注意：如要加深理解或者遇到问题，可反编译 VBean 类来看个究竟。

12.1.4　Form 与 Java 类的交互

在 Form 开发中，我们已经习惯于按如下步骤来开发一个标准 Item。

（1）通过属性面板设置属性。

（2）在代码中调用 set_item_property 或者 get_item_property。

（3）编写 Item 的触发器。

（4）于是某个事件发生时会触发（3）的代码。

这些人性化的方式，后台是 Oralce 的自动转换：

（1）初始化 Item 时，调用 setter 函数。

（2）调用 setter 函数、调用 getter 函数。

（3）初始化 Item 时，调用 addListener 添加对应事件的侦听函数——我们写的代码。

（4）Java 类 Raise 事件，并根据定义的 Listener 调用相应的代码。

对于自定义的类，Oracle 仅提供如下两种沟通方式：

Form 中仅能调用 set_custom_property、get_custom_property 两个内置函数；后台 Oracle 将其转换为调用 Class 的 setter、getter 函数。

Java 类中可以任意抛出一个事件，包含事件名称和参数；Form 中统一通过

when-custom-item-event 进行处理，事件名称保存在:system.custom_item_event 中，参数保存在:system.custom_item_event_parameters 中。

注意：*参数是什么？是不是类的所有属性及其当前值？读者可以深入思考。*

12.1.5　Form 中使用自定义 JavaBean

在 Jinitiator 中运行的 Form，基于 Java 的安全设计，"标准"功能无法操作客户端，如果有此需求，可通过自定义 Java 类的方式实现。

要在 Form 中使用一个自定义的 Java 类，那么按照上面的分析，结合 Applet 的安全性，应该这样：

（1）根据需要，编写实现 IView 的类，或者简单地继承 VBean，编写需要的代码。

（2）上传至 Forms Server，并包含在 CLASS_PATH 中。

（3）如果需要操作客户端文件，则需额外完成认证。

（4）Form 中创建 Item，类型为 BeanArea，且 Implementation Class 需明确设置。

仍然站在普通的 Form 开发角度来理解，那么该如何开发这个 Item？

（1）编写 when-custom-item-event，并根据:system.custom_item_event 做出不同的处理，如果需要参数，用 Form 的两个内置函数 get_parameter_list、get_parameter_attr 从:system.custom_item_event_parameters 中获取。当然编写者需事先知道类会抛出哪些事件，其参数分别是什么。

（2）任何时候，都可以调用 set_custom_property、get_custom_property，至于 Class 中的 setter、getter，实际上可以实现任何逻辑，而不是通常所理解的设置属性、获得属性，比如可以通过它们打开本地的文件、读取文件、执行本地命令、设置可见 Class 的背景等。

12.2　案例：Hello World

12.2.1　功能

把一个字符串保存到 JavaBean，再从中取出来。

12.2.2　按规范编写 Java 类：BeanTemplate.java

该类实际上提供了一个简单实用的模板。

定义了 2 个属性并通过 setProperty 函数设置，但 getProperty 仅响应 1 个属性；抛出了 1 个事件，事件名称可以随便定义，这里直接使用属性 ID；事件参数，可以有任意多个，这里仅举例设置 Event Description。请仔细理解如下代码：

```
//import the minimum class
import oracle.forms.properties.ID;
import oracle.forms.ui.VBean;
import oracle.forms.ui.CustomEvent;

//Vbean class provides and empty implementation of the IView interface
public class BeanTemplate extends VBean{

    public static final String RCS_ID = "$Header: BeanTemplate.java 1.0
2007/01/25 20:00:00 pkm ship      $";
    static final ID PROPERTY1 = ID.registerProperty("PROPERTY1");
    static final ID PROPERTY2 = ID.registerProperty("PROPERTY2");
    static final ID EVENTDESCRIPTION = ID.registerProperty("EVENTDESCRIPTION");
    private Object property1Value = "";
    private Object property2Value = "";

    //setter function
```

```
    //can be used in Forms: set_custom_property('BlockName.ItemName',
ROW_NUM,'PropertyName','Value');
    public boolean setProperty(ID id, Object value){
      boolean result = true;
      try{
        if(id == PROPERTY1){//Anything here, such as
          this.property1Value = value;
          //Raise any custom envet
          CustomEvent ce = new CustomEvent(this.getHandler(), PROPERTY1);
          this.getHandler().setProperty(EVENTDESCRIPTION,"Property
PROPERTY1 is set.");
          //Any other parameter needed to be send to Forms
          dispatchCustomEvent(ce);
        }
        else{
          if(id == PROPERTY2){//Anything here, such as
            this.property2Value = value;
            //Raise any custom envet
          }
        }
      }
      catch (Exception e){
        e.printStackTrace();
        result = false;
      }
      return result;
    }


    //getter function, available from Forms Server 6.06
    //can be used in Forms: set_custom_property('BlockName.ItemName',
ROW_NUM,'PropertyName');
    public Object getProperty(ID id){
      Object result = "";
      try{
        if(id == PROPERTY1){//Anything here, such as
```

```
    result = this.property1Value;
  }
}
catch (Exception e){
  e.printStackTrace();
}
return (Object)result;
}


//Just for test
public static void main(String[] args) throws Exception {
  BeanTemplate bt = new BeanTemplate();
  bt.setProperty(PROPERTY1,"Hello World");
  System.out.println(bt.getProperty(PROPERTY1));
}
}
```

12.2.3　编译：BeanTemplate.class

方法一：上传至$OA_JAVA 目录，直接编译 javac BeanTemplate.java。

方法二：如果在本地 JDK 或者 JDev 下，需下载$ORACLE_HOME/forms/java，并设置到 Class Path 中。

为了保持字符集一致，建议上传至服务器编译，如下图所示。

```
[appldev@ebsdev classes]$ ls
customall.jar
[appldev@ebsdev classes]$ ls
BeanTemplate.java  customall.jar
[appldev@ebsdev classes]$ javac BeanTemplate.java
[appldev@ebsdev classes]$ ls
BeanTemplate.class  BeanTemplate.java  customall.jar
[appldev@ebsdev classes]$
```

12.2.4 制作 JAR 认证文件

创建 keystore，命令如下：

```
keytool -genkey -dname "cn=xingyun cai, ou=Hand, o=hand, c=CN" -alias
caixingyunkey -keystore caixingyunkeystore -validity 720
```

输入密码，如下图所示。密码假定为 handhand。

检查 keystore（可选），如下图所示。

```
keytool -list -v -keystore caixingyunkeystore
```

输出 keystore 到文件（可选），如下图所示。

```
keytool -export -keystore caixingyunkeystore -alias caixingyunkey -file
caixingyuncert.cer
```

12.2.5 打包 JAR

将前面编译成功的 Class 文件打包成 JAR 文件，如下图所示。

```
jar -cvf BeanTemplate.jar BeanTemplate.class
```

```
[appldev@ebsdev cuxjar]$ jar -cvf BeanTemplate.jar BeanTemplate.class
added manifest
adding: BeanTemplate.class(in = 1978) (out= 1059)(deflated 46%)
```

12.2.6 认证 JAR

将打包的 JAR 文件在服务器端认证（利用前面制作的认证工具），如下图所示。

```
jarsigner -keystore caixingyunkeystore -signedjar CuxBeanTemplate.jar
BeanTemplate.jar caixingyunkey
```

```
[appldev@ebsdev classes]$ jarsigner -keystore caixingyunkeystore -signedjar CuxBeanTemplate.jar BeanTemplate.jar caixingyunkey
Enter Passphrase for keystore:
[appldev@ebsdev classes]$ ls
BeanTemplate.class  BeanTemplate.jar  BeanTemplate.java  caixingyuncert.cer  caixingyunkeystore  customall.jar  CuxBeanTemplate.jar
[appldev@ebsdev classes]$
```

12.2.7 服务器配置 JavaBean 程序

修改 $FORMS_WEB_CONFIG_FILE 文件，将行 "archive2=" 更改为 archive2=,/OA_JAVA/CuxBeanTemplate.jar。

可以使用 VI 命令直接修改，也可以登录服务器下载文件修改后上传：echo $FORMS_WEB_CONFIG_FILE，如下图所示。

```
archive=/OA_JAVA/oracle/apps/fnd/jar/fndforms.jar,/OA_JAVA/oracle/apps/fnd/jar/fndformall...jar
...le.apps.fnd/jar/fndsl.jar,/OA_JAVA/oracle.apps.fnd/jar/fndctx.jar



archive1=/OA_JAVA/oracle/apps/fnd/jar/fndlist.jar
archive2=/OA_JAVA/CuxBeanTemplate.jar
archive3=
```

说明：配置好后无须重启服务器应用，但是需要重启浏览器，重新打开 Form。

12.2.8　Form 中使用 BeanTemplate

按照正常的步骤做 Form，如下图所示。

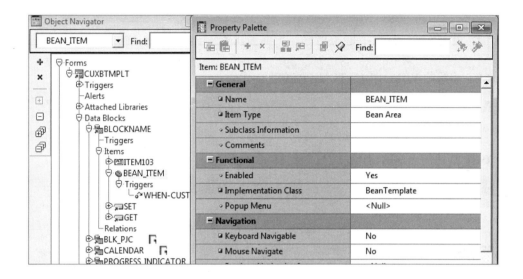

BEAN_ITEM 是手工创建的 Item，其各属性的设置如下所示。

属　　性	值	说　　明
Item Type	Bean Area	必须
Implementation Class	BeanTemplate	必须，Java Bean 的全称
Keyboard Navigable	No	必须
Mouse Navigable	No	必须
Cavas	BLOCKNAME	必须
Foreground Color	black	必须，黑色，设置白色测试报错
Background Color	white	必须，白色，设置黑色测试报错

续表

属　性	值	说　明
Width	0	可选，建议设置为 0
Height	0	可选，建议设置为 0

SET 按钮的 WHEN-BUTTON-PRESSED 代码：

```
set_custom_property('BLOCK_NAME.BEAN_ITEM',1,'PROPERTY1','Hello
World');
```

GET 按钮的 WHEN-BUTTON-PRESSED 代码：

```
fnd_message.debug(get_custom_property('BLOCK_NAME.BEAN_ITEM',1,'PROPE
RTY1'));
```

BEAN_ITEM 的 WHEN-CUSTOM-ITEM-EVENT 代码：

```
DECLARE

  l_parameter_list  paramlist;
  l_parameter_type  NUMBER;
  l_parameter_value VARCHAR2(2000);

BEGIN

  fnd_message.debug('Event Name: ' || :system.custom_item_event);

  l_parameter_list  :=  get_parameter_list(:system.custom_item_event_
parameters);

  IF id_null(l_parameter_list) THEN
    fnd_message.debug('No Parameter.');
  ELSE

    get_parameter_attr(l_parameter_list,
                'EVENTDESCRIPTION',
                l_parameter_type,
```

```
                    l_parameter_value);

    IF NOT form_success THEN
      fnd_message.debug('Can not get specific parameter.');
    ELSE
      fnd_message.debug('Description: ' || l_parameter_value);
    END IF;
  END IF;

END;
```

12.3　案例：CSV 通用导入

12.3.1　功能

在 Form 中，将一个 CSV 格式文件导入数据库表中是很常见的开发需求，如果能将 Javabean 的实现细节写成通用程序，实际开发中将只需专注于数据验证和业务处理。

对于验证，通常分为两类：警告性，可以继续处理；错误性，终止处理。

12.3.2　设计思路

开发一个通用 Form，利用 TextReader 类，将 CSV 文件按字段顺序写入临时表中，然后调用相应的"导入处理包"。

12.3.3　表设计

设置表 CUX_COMMON_IMPORT_SETUP，如下表所示。

Column Name	类 型	空否	说 明
IMPORT_CODE	VARCHAR2(30)	N	代码，用来标志一个导入，称为"导入标志"
WIN_TITLE	VARCHAR2(100)	N	显示在 Form 上的标题
PACKAGE_NAME	VARCHAR2(30)	N	导入数据包，该包需要两个带 Out 参数的过程： PROCEDURE validate_data(x_message OUT VARCHAR2) PROCEDURE process_data(x_message OUT VARCHAR2)
INV_ORG_REQUIRED	VARCHAR2(1)	N	是否需要选择库存组织，Y 或者 N
ARCHIVE_REQUIRED	VARCHAR2(1)	N	是否需要备份导入的数据到 ARCHIVE 表
DESCRIPTION	VARCHAR2(500)	Y	描述

临时表 global temporary table CUX_COMMON_IMPORTS_TEMP：

Column Name	类 型	空否	说 明
COMMON_IMPORTS_ID	NUMBER	Y	临时表放空，历史表用列
IMPORT_CODE	VARCHAR2(30)	Y	导入标志
ORG_ID	NUMBER	Y	业务实体
ORGANIZATION_ID	NUMBER	Y	库存
LINE_NUMBER	VARCHAR2(30)	N	行号
LINE_CONTENT	VARCHAR2(4000)	Y	整行内容
ORIG_FILE_NAME	VARCHAR2(500)	Y	本地文件名
IMPORT_STATUS	VARCHAR2(10)	Y	导入状态：VALID、INVALID
IMPORT_MESSAGE	VARCHAR2(4000)	Y	错误消息
WARNING_MESSAGE	VARCHAR2(4000)	Y	警告消息
ATTRIBUTE1..40	VARCHAR2(240)	Y	分解后字段
CONVERTED_ATTRIBUTE1.40	VARCHAR2(240)	Y	预留字段，可以供验证程序保存转换后的值

注意：该表类型为 on commit preserve rows。

历史表 CUX_COMMON_IMPORTS_ARCHIVE，结构同临时表。

安装脚本：CUXIMPORT.sql。

12.3.4　设置 Form

基于基表，如下图所示。

12.3.5　导入 Form

界面自动识别中文或英文，下面以中文为例。

导入控制块，可以选择直接在 Form 中输入，也可以选择文件，如下图所示。

- "验证"按钮：验证数据，把数据写入临时表，然后调用 validate_data。

- "导入"按钮：处理数据，调用 process_data。

在"输入内容"选项卡中直接输入 CSV 格式的内容，通常用来应急和测试，直接复制粘贴进来即可，如下图所示。

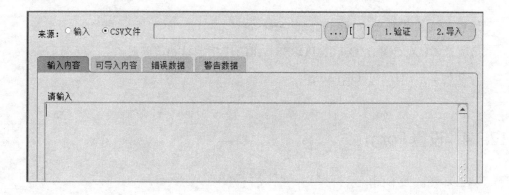

在"可导入内容"选项卡中导入数据，这里的数据来自临时表，如下图所示。

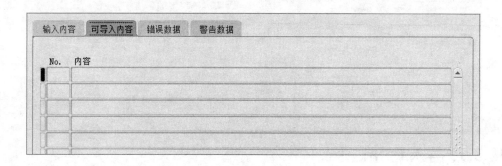

单击"验证"按钮后，通用导入将直接输入或文件的内容写入临时表。

验证失败的记录内容、原因，来自临时表，Import_Status = 'INVALID'，如下图所示。

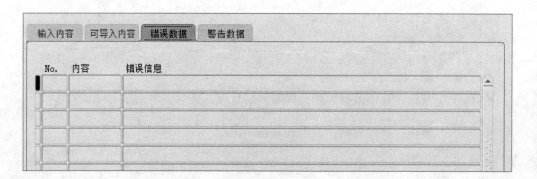

验证警告的记录内容、原因，来自临时表，WARNING_MESSAGE is not null，如下图所示。

详细代码参见 CUXIMPORT.fmb、cux_common_imports_pkg.pck。

12.3.6 通用导入安装

打包、上传、认证、配置 TextReader 类。

创建数据库对象：CUXIMPORT.sql、cux_common_imports_pkg.pck。

安装 Form：CUXIMPSET.fmb、CUXIMPORT.fmb。

12.3.7 具体开发使用

导入设置，参考前面的图解。

编写导入设置中指定的包，可参考实例：cux_mfg_inv_adj_import_pkg.pck 或者 cux_om_customer_site_valid.pkg。

- validate_data：用来验证数据，根据需要写；合法的数据"Imports_status"设置 为 VALID，不合法的数据设置为 INVALID。

- process_data：用来处理数据，根据需要写，比如插入到某个表。

定义 Function，Form 为 CUXIMPORT，参数 IMPORT_CODE=导入代码，如下图 所示。

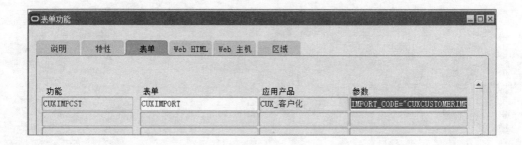

定义菜单，即可进行测试。

CHAPTER

13

Form 个性化

13.1 Form 个性化概述

13.1.1 个性化与客户化

要客户化一个标准 Form，可以采取如下两种办法：

（1）修改 fmb 文件，适用于重大逻辑修改、布局调整，比如新增 Item。

（2）个性化，适用于简单的调整，比如修改 Prompt、执行 PLL 和数据库过程、显示消息、添加 Special 菜单、触发触发器、提交请求、打开一个 Function 或者 URL、Forms_DDL、Do_Key、Go_Item、Go_Block。

个性化主要用于客户化标准功能的 Form。对于自己开发的 Form，除非已经上线很久、很稳定了，不再修改源文件了，否则没必要用个性化。

个性化的好处在于，基本上不用担心升级问题，因为个性化信息是保存在表中的，独立于源代码，但 EBS 版本升级或打补丁时，fmb 可能被覆盖，但个性化信息仍然得以保留。

个性化信息保留在下面代码生成的表中：

```
SELECT fcr.function_name,
       fcr.description,
       fcr.trigger_event,
       fcr.trigger_object,
       fcr.condition,
       fcr.enabled,
       fcr.fire_in_enter_query,
       --fcr.rule_type,
       --fcr.form_name,
       fcs.level_id,
       fcs.level_value,
       fca.*
```

```
   FROM applsys.fnd_form_custom_rules   fcr,
        applsys.fnd_form_custom_scopes  fcs,
        applsys.fnd_form_custom_actions fca
WHERE fcr.id = fcs.rule_id(+)
  AND fcr.id = fca.rule_id(+)
```

13.1.2 个性化原理

个性化的内容完全可以通过修改 fmb 文件实现，道理很简单，Form 个性化的本质是触发器。

基于模板的开发中，Form 触发器里会去判断是否有个性化信息，如果有，就动态执行之。

主要触发器：When-New-XXX-Instance、When-Validate-Record、Special1..45。

Oracle 官方文档《FormPersonalization_for_MetaLink_Rollup3.pdf》详细描述了 Form 个性化，最新的官方 PDF 请查阅 Metalink。

本书以举例的方式来学习，更多复杂功能可以参考 Oracle 官方文档。

13.2 案例：修改字段 Prompt

13.2.1 打开欲个性化的 Form，调出个性化定义界面

先进入 Sysadmin/Security/User/Define。

路径：Help/Diagnostics/Custom Code/Personalize，如下图所示。

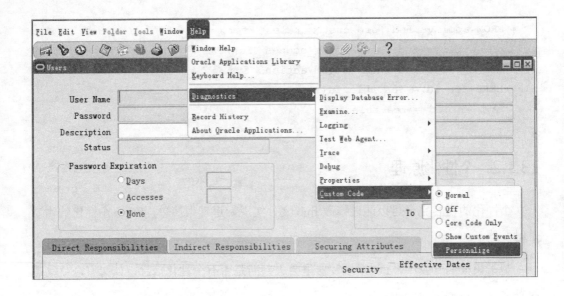

13.2.2 输入个性化条件、个性化内容

可以看到，个性化在 Function 级别（10g 版本后可以设置在 Form 级别），可以同时做多个个性化（按序号排列），每个个性化都可以设置 Condition、适用的语言，并且有多个 Action（按序号排列），如下图所示。

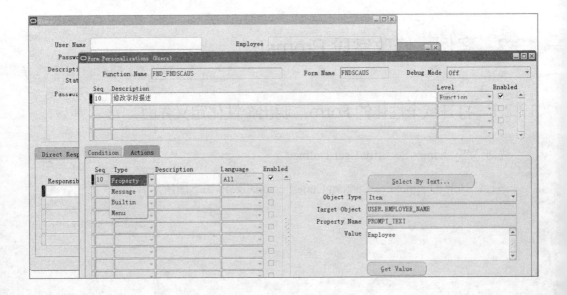

像修改字段 Prompt 这种简单的个性化，可以直接单击"Apply Now"按钮查看效果。

13.3　案例：有条件显示消息

13.3.1　打开欲个性化的 Form，调出个性化定义界面

先进入 Sysadmin/Security/User/Define。

路径：Help/Diagnostics/Custom Code/Personalize。

13.3.2　输入个性化条件

假如我们希望每次光标进入 User 块、用户为 SYSADMIN 时就显示消息。

注意这里可以调用数据库包，这样可以做非常复杂的判断。

可以单击 Validate 测试，如下图所示。

13.3.3　输入个性化 Action

显示"Hello World",如下图所示。

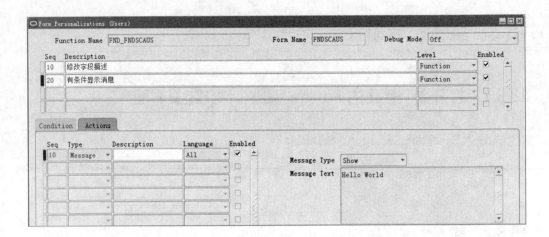

如果需要引用 Form 字段,引用字段格式为:

```
=:block_name.item_name
```

13.4　案例:调用数据库 Package

13.4.1　条件中调用 Package

参考 13.3 节的内容,比较简单,本节不再重复进行介绍。

13.4.2　Action 中调用 Package

参考 13.3 节的内容,Action 定为消息,消息内容就是一个 Package 的 Function,并且可以传递参数,比较简单,本节不再重复进行介绍。

注意：因为不能使用 DML，所以凡是需要 DML 操作的，需要写成自治事务模式。自治事务请参考《深入浅出 Oracle EBS 之 DB、PLSQL 专题研究》Transaction 事务。

13.5　案例：添加菜单

13.5.1　打开欲个性化的 Form，调出个性化定义界面

先进入 Sysadmin/Security/User/Define。

路径：Help/Diagnostics/Custom Code/Personalize。

13.5.2　输入个性化 Action

假如我们希望每次光标进入 User 块、启用 Special 菜单"Responsibility"，如下图所示。

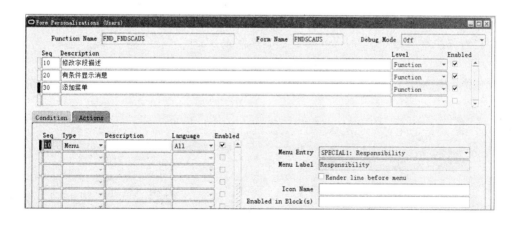

运行结果如下图所示。

注意：11.5.10 版中，请使用 Menu1..n，尽量不用 Special，因为后者 Form 可能已经使用过了，而前者则是新推出的菜单。

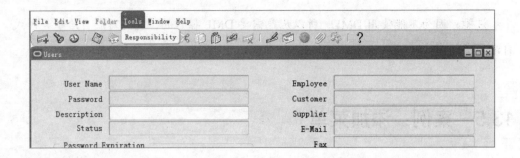

13.6　案例：打开功能

13.6.1　打开欲个性化的 Form，调出个性化定义界面

先进入 Sysadmin/Security/User/Define。

路径：Help/Diagnostics/Custom Code/Personalize。

13.6.2　输入个性化条件

只有当职责 ID 不为空时才执行，如下图所示。

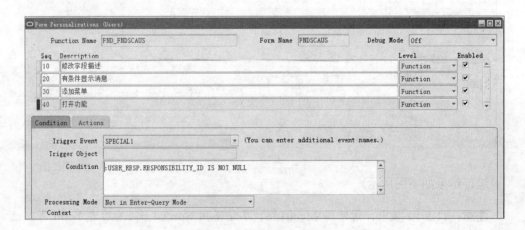

13.6.3　输入个性化 Action

打开职责 Form，如下图所示。

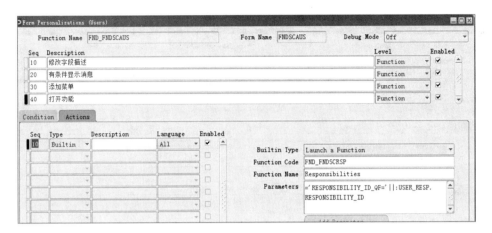

如果有参数，注意参数格式。例如，有参数 RESPONSIBILITY_ID_QF：='RESPONSIBILITY_ID_QF='‖:USER_RESP.RESPONSIBILITY_ID。

对于传递给 Form 的参数，只有 Form 自身创建的 Parameter 可以成功，对于从对象组继承过来的，个性化无法识别。

更多引用方式包括对字段属性、Select 语句等，请参考官方 PDF 文档。

可惜系统的职责 Form 自身不支持根据参数自动查询，不然就可以实现和 User Form 的"集成"；用户只好自己来处理，继续看下面的例子。

13.7　案例：执行查询

13.7.1　打开欲个性化的 Form，调出个性化定义界面

先进入 Sysadmin/Security/Responsibility/Define。

路径：Help/Diagnostics/Custom Code/Personalize。

13.7.2　输入个性化条件

当一进入 Form 并且 RESPONSIBILITY_ID_QF 有值时，如下图所示。

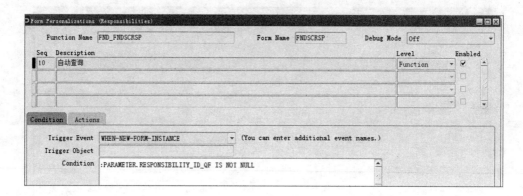

13.7.3　输入个性化 Action

设置查询控制参数为 True，这样在 Pre-Query 中才会考虑 RESPONSIBILITY_ID_QF，如下图所示。

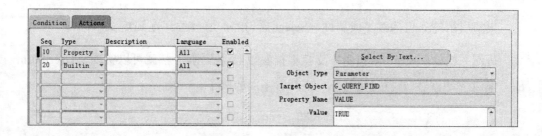

执行查询（本例不需要 go_block），如下图所示。

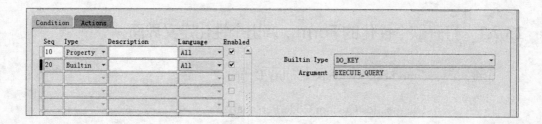

13.8　案例：其他应用

LOV 修改：

（1）使用 Buildin "Create Record Group from Query" 创建一个新记录组。

（2）使用 Property，修改目标 LOV 的 Group_Name 属性为客户化的记录组。

13.9　CUSTOM.PLL 实现个性化

从本书以上的举例，可以看到 Form 个性化满足了用户对 Form 做某些更改的需求，但是还是有不少的局限。

Oracle 给我们的个性化还提供了一个途径 CUSTOM.PLL。CUSTOM.PLL 可以实现用户更加复杂的个性化需求。因为在这里，我们可以写更加复杂的 PL/SQL，但是与直接在 Form 中做修改相比，还是有很多限制。

13.9.1　建议使用的方法

通常会建议首先使用 Form 个性化，其次是 CUSTOM.PLL。在使用 CUSTOM.PLL 时，也建议不直接在 CUSTOM.PLL 里面做客户化。因为 CUSTOM.PLL 是标准的 Library，不管是调试还是其他的，都会影响到全局。比较好的做法是复制一份 CUSTOM.PLL 来做个性化，具体如下：

将 CUSTOM.PLL 另外复制一份，命名为 xx_custom.pll，把 xx_custom.pll 加载到 CUSTOM.PLL 下（用 Forms Builder 打开 CUSTOM.PLL，在 Attached Libraries 里面加上 xx_custom.pll），然后在 CUSTOM.PLL 的 event 里面写代码：xx_custom.event(event_ name);。这样，客户化代码都可以放在 xx_custom.pll 这个 Library 里面，降低了风险。

从本质上来说，Form 个性化和 CUSTOM.PLL 是相同的，可以发现如果选择了"帮助"→"诊断"→"自定义代码"→"关闭"命令，CUSTOM.PLL 的代码也不起作用了。

13.9.2　编译脚本

CUSTOM.PLL 路径：$AU_TOP/resource。

在$AU_TOP/resource 路经下编译 CUSTOM.PLL 的命令：

```
f60gen $AU_TOP/resource/CUSTOM.pll apps/apps2008 module_type=library
output_file=$AU_TOP/resource/CUSTOM.plx
```

R12 版本编译 CUSTOM.PLL 的命令：

```
frmcmp_batch Module=$AU_TOP/resource/CUSTOM.pll Userid=apps/apps Module_
Type=LIBRARY
output_file=$AU_TOP/resource/CUSTOM.plx
```

13.9.3　CUSTOM 中的 Function 和 Procedure 简介

zoom_available：是否启用工具栏中 view- zoom。

```
FUNCTION zoom_available RETURN BOOLEAN IS
 -- This function allows you to specify if zooms exist for the current
 -- context. If zooms are available for this block, then return TRUE;
 -- else return FALSE.
 -- This routine is called on a per-block basis within every Applications
 -- form from the WHEN-NEW-BLOCK-INSTANCE trigger. Therefore, any co
 -- that will enable Zoom must test the current form and block from
 -- which the call is being made.
 -- By default this routine must return FALSE.
    /* Sample code:
```

```
     form_name  varchar2(30) := name_in('system.current_form');
     block_name varchar2(30) := name_in('system.cursor_block');
   begin
     if (form_name = 'DEMXXEOR' and block_name = 'ORDERS') then
     return TRUE;
   else
       return FALSE;
     end if;
   end zoom_available;
     */
   -- Real code starts here
   --
  BEGIN
     RETURN FALSE;
  END zoom_available;
```

style(event_name varchar2)：是用来指定下面 event 里面代码执行的方式，是先执行，后执行，还是覆盖。可选的有：custom.before、custom.after、custom.override、custom.standard（默认值）。

```
    FUNCTION style(event_name VARCHAR2) RETURN INTEGER IS
        --
        -- This function allows you to determine the execution style for some
        -- product-specific events. You can choose to have your code execute
        -- before, after, or in place of the code provided in Oracle
        -- Applications. See the Applications Technical Reference manuals
for a
        -- list of events that are available through this interface.
        --
        -- Any event that returns a style other than custom.standard must
have
        -- corresponding code in custom.event which will be executed at the
        -- time specified.
        --
        -- The following package variables should be used as return values:
        --
        --    custom.before
```

```
--     custom.after
--     custom.override
--     custom.standard
--
-- By default this routine must return custom.standard
--
-- Oracle Corporation reserves the right to change the events
-- available through this interface at any time.
--
/* Sample code:
begin
  if event_name = 'OE_LINES_PRICING' then
    return custom.override;
  else
    return custom.standard;
  end if;
end style;
*/
--
-- Real code starts here
--
BEGIN
  RETURN custom.standard;
END style;
```

event(event_name varchar2)：这是主要代码，这里面允许使用的触发器有：ZOOM、WHEN-NEW-FORM-INSTANCE 、 WHEN-NEW-BLOCK-INSTANCE 、 WHEN-NEW-RECORD-INSTANCE、WHEN-NEW-ITEM-INSTANCE、WHEN-VALIDATE-RECORD，还有 special。

```
PROCEDURE event(event_name VARCHAR2) IS
form_name VARCHAR2(30) := name_in('system.current_form');
block_name VARCHAR2(30) := name_in('system.cursor_block');
BEGIN
IF (event_name = 'ZOOM') THEN
……-- 个性化代码
```

```
ELSIF (event_name = 'WHEN- NEW- FORM- INSTANCE') THEN
IF (form_name = 'POXPOEPO' AND block_name = 'PO_HEADERS') THEN
┉┉-- 个性化指定的 form 、block、trigger 的代码
END IF;
ELSIF (event_name = 'WHEN- NEW- BLOCK - INSTANCE') THEN
┉┉
ELSIF (event_name = 'SPECIAL10') THEN
┉┉
ELSE
NULL;
END IF;
END event;
```

13.10　个性化迁移

Fndload 实现个性化迁移。

Download、function_name 参数是必需的：

FNDLOAD <userid>/<password> 0 Y DOWNLOAD $FND_TOP/patch/115/import/ affrmcus. lct <filename.ldt> FND_FORM_CUSTOM_RULES function_name=<function name>

例如：

FNDLOAD apps/apps2007 0 Y DOWNLOAD $FND_TOP/patch/115/import/affrmcus. lct CUX_GL_JE.ldt FND_FORM_CUSTOM_RULES function_name=GLXJEENT_A

Upload：

FNDLOAD <userid>/<password> 0 Y UPLOAD $FND_TOP/patch/115/import/ affrmcus.lct <filename.ldt>

例如：

FNDLOAD apps/apps2007 0 Y UPLOAD $FND_TOP/patch/115/import/affrmcus.lct CUX_GL_JE.ldt

CHAPTER

14

Form 开发规范（建议）及常用代码参考

Form 开发为统一管理、方便后期维护建议遵循如下开发规范。

14.1　命名规约

14.1.1　文件命名规约

下表所示为 Form 相关的文件命名规则。

对象类型	命名格式	格式说明	备　注
Form 文件	CUXMMDDD.fmb	CUX=应用简称 MM=系统模块简称（可省略） DDD=描述（任意）	命名规则=二次开发应用简称+系统模块简称+描述。例如： CUXEMPDPT.fmb
PLL 文件	CUXMMDDD.pll	CUX=应用简称 MM=系统模块简称（可省略） DDD=描述（任意）	命名规则=二次开发应用简称+系统模块简称+描述。例如： CUXEMPDPT.pll

14.1.2　Form 对象命名规约

下表所示为 Form 中相关的对象命名规则。

对象类型	命名格式	格式说明	备　注
Mould 名称	CUXMMDDD	CUX=应用简称 MM=系统模块简称（可省略） DDD=描述（任意）	同 Form 文件名
基表块	DDDDDD	DDDDDD=基表的主要实体	基表块使用表/视图对应的实体名。例如： 　块的基表为 CUX_EMPLOYEES_V，则块名为 EMPLOYEES

对象类型	命名格式	格式说明	备 注
Prompt 块	DDDD_PROMPT	DDDD=Prompt 对应块的名称 PROMPT=固定	Prompt 块的命名规则=基表块名+"PROMPT"。例如： 对于基表块 EMPLOYEES 对应的 FOLDER Prompt 块名为 EMPLOYEES_PROMPT
检索块	DDDD_QF	DDDD=描述（任意） QF=固定	检索块的命名规则=描述+"QF"，一般为基表块名+"QF"。例如： 对于基表块 EMPLOYEES 对应的查询块为 EMPLOYEES_QF
控制块	DDDD_CONTROL 或 CONTROL	DDDD=描述（任意） CONTROL=固定	控制块命名规则：对于 Form 级的控制块使用 CONTROL 命名；对于 Block 级的控制块使用控制块名+"CTRL"。例如： 对于 Form 级：CONTROL 对于 Block 级：EMPLOYEES_CTRL
窗体	DDDDDD	DDDDDD=描述（任意）	窗体命名使用窗体显示的主要实体名。例如： 显示发票信息的主窗台，命名为 INVOICES
检索窗体	DDDD_QF	DDDD=描述（任意） QF=固定	检索窗体命名=检索结果窗体名+"QF"。例如： INVOICES_QF
内容画布	DDDDDD	DDDDDD=描述（任意）	内容画布以画布显示实体名命名。例如： 如画布显示发票详细信息，则命名为 INVOICES
内容画布（检索）	DDDD_QF	DDDD=描述（任意） QF=固定	检索画布命名规则=检索实体名+"QF"。例如： 检索发票的检索画布名为 INVOICES_QF

对象类型	命名格式	格式说明	备　注
堆叠画布	DDDD_STACKED	DDDD=描述（任意） STACKED=固定	堆叠画布以实体名+"STACKED"命名。例如： INVOICES_STACKED
堆叠固定画布	DDDD_FIXED	DDDD=描述（任意） FIXED=固定	堆叠固定画布以实体名+"FIXED"命名。例如： INVOICES_FIXED
Tab 画布	DDDD_TAB	DDDD=描述（任意） TAB=固定	Tab 画布以 Tab 显示实体名+"TAB"命名。例如： INVOICES_TAB
Tab 页	DDDD_PAGE	DDDD=描述（任意） PAGE=固定	Tab 页以页面显示主体名+"PAGE"命名。例如： INVOICES_TAB 的页名为 MAIN_PAGE、OTHERS_PAGE
Tab 使用的堆叠画布	PAGENAME	PAGENAME=Tab Page 名称	例如： INVOICES_TAB 的页名对应的画布名为 MAIN_PAGE、OTHERS_PAGE
ITEM（基于表）	XXXXXX	XXXXXX=基表字段名称	
ITEM（不基于表）	TTT_XXXX	TTT=ITEM 类型 TXT：文本 BTN：按钮 CHK：复选框 RAD：单选按钮 LST：列表 POP：组合框 DSP：显示项 XXXX=描述（任意）	例如： "保存"按钮名称：BTN_SAVE
ITEM（镜像）	XXXX_MIR	XXXX=被镜像 Item 名称 MIR=固定	例如： INVOICE_NUM 的镜像 Item 名为 INVOICE_NUM_MIR

续表

对象类型	命名格式	格式说明	备　注
LOV	DDDDDD	DDDDDD=描述（任意）	LOV 名称使用查询实体名命名。例如： 项 INVOICE_NUM 上的 LOV 名为 INVOICE_NUM
LOV（查询）	DDDD_QF	DDDD=描述（任意） QF=固定	查询使用的 LOV 以描述+"QF"命名。例如： 项 INVOICE_NUM 上的 LOV 名为 INVOICE_NUM_QF
记录组	LOVNAME	LOVNAME=LOV 的名称	记录组名称与 LOV 名一致

14.2　Form 按钮常用快捷键

下表所示为 Form 中按钮常用快捷键的说明。

按钮标签	快 捷 键	按钮标签	快 捷 键	按钮标签	快 捷 键
承诺	A	更改	C	详细	D
处理	A	清除	C	追溯	D
追加	A	关闭	C	查找	I
修正	A	确认	C	导入	I
应用	A	继续	C	插入	I
计算	C	复制	C	新建	N
取消	C	删除	D	下一个	N

续表

按钮标签	快 捷 键	按钮标签	快 捷 键	按钮标签	快 捷 键
打印	P	报表	R	更新	U
刷新	R	保存	S	上传	U
拒绝	R	计划	S	退出	X
发放	R	开始	S	导出	X
置换	R	停止	S		

14.3　Form 程序单元命名规则

下表所示为 Form 中程序单元的命名规则。

对象类型	命名格式	格式说明	备　　注
Form 级程序包	FORMNAME	FORMNAME=Form Mould 名称	表单级的程序包使用表单名命名。例如：CUXEMPDPT
块级程序包	BLOCKNAME	BLOCKNAME=块名	块级的程序包使用块名命名。例如：处理块 EMPLOYEES 的程序包名称为 EMPLOYEES
块级程序包（数据处理）	BLOCKNAME_dml	BLOCKNAME=块名 dml=固定	块级处理数据的程序包以块名+"dml"命名。例如：块 EMPLOYEES 基于视图，则数据处理程序为 employees_dml
事件过程（Form）	EVENTNAME	EVENTNAME=事件名称	Form 级的触发器处理写在 Form 级程序包里，过程名=事件名称（将"-"置换成"_"）。例如：PRE-FORM 的过程名为 PRE_FORM

续表

对象类型	命名格式	格式说明	备　　注
事件过程（Block）	EVENTNAME	EVENTNAME=事件名称	Block 级的触发器处理写在 Block 级程序包里，过程名=事件名称（将"-"置换成"_"）。例如： WHEN-NEW-RECORD-INSTANCE 的过程名为 WHEN_NEW_RECORD_INSTANCE
事件过程（Item）	ITEMNAME	ITEMNAME=项目名称	项目的触发器处理写在 Block 级程序包里，过程名=项目名称，过程具有一个参数 event。例如： INVOICE_NUM 的过程名为 INVOICE_NUM(event VARCHAR2)

14.4　编程规范及常用代码

14.4.1　布局规范

布局的基本原则：

（1）方便用户操作，提高工作效率。

（2）风格保持一致性，便于学习使用。

（3）提供丰富的信息，方便用户判断。

（4）窗口最大按照显示器分辨率为 800×600 像素进行设置。

14.4.2 Form 各对象的布局要求

1．Window

类　型	位　　置	标　　题
非模窗口	紧靠工具条下	对象名称为窗口标题，包含组织代码
有模窗口	居中显示	对象名称为窗口标题

2．Canvas

类　型	大　　小	显　　示
内容画布	和窗口的大小相同	任何时候只有一个内容画布是可见的
堆叠画布	相同位置显示的堆叠画布大小相同	相同位置只有一个堆叠画布是可见的

3．Block

类　型	布　　局
单记录 Block	字段左对齐 字段自左向右，或自上向下顺序排列 字段间有恰当的间隙 Prompt 位于 Item 左侧且中间对齐，相距 0.1"
多记录 Block	滚动条距画布边缘 0.3" 当前行指示 Item 位于画布的左端 各个字段顶端对齐 Prompt 位于 Item 上方，且与 Item 左侧相距 0.05"
复合 Block	主从窗口应保持相同宽度 从窗口放置在主窗口下部

4. Item

类　　型	布局及属性
TEXT ITEM	存放数字的 Item 必须保证足够的长度 存放日期的 Item 宽度为 1.2" 存放时间的 Item 宽度为 0.8" 存放日期和时间的 Item 宽度为 2.0" 除非有特殊要求，Item 中的文本允许输入任何字符
List	在查询块中，允许 List 值为空 宽度为 0.5"/1"/1.5" 之一 显示字符长度限制在 30 以内
Option Group	只允许在单记录块中使用，在多记录块中避免使用 确保有默认值
CHECK BOX	确保有默认值 最小宽度为 0.2" Check Box Mapping of Other Values 一般为 Unchecked
BUTTON	每个窗口应设置默认按钮 按钮的排列顺序为自左向右：默认、取消、其他按钮 按钮一般宽度为 1.2"，根据按钮显示文字有所改变

5. LOV

最大宽度为 7.8"，最小宽度为 3"。

标题应设置为调用该 LOV 的 Item 名称。

14.4.3　子类属性

为了使界面风格与 EBS 一致，需要对 Form 中的 Mould、Block、Window、Canvas、Lov 和显示 Item 设置相应的子类属性。

下表详细说明了 Form 中各对象需要继承的子类属性。

对象类型	说　　明	子类属性
Module		MODULE
Data Blocks	数据块	BLOCK
Items	普通输入 Item	TEXT_ITEM
	只显示不能修改字段	TEXT_ITEM_DISPLAY_ONLY
	多行输入字段	TEXT_ITEM_MULTILINE
	日期类型输入字段	TEXT_ITEM_DATE
	ROW_ID 专用	ROW_ID
	CREATION_BY/LAST_UPDATE_BY 专用	CREATION_OR_LAST_UPDATE_DATE
	多行记录的行指示符	CURRENT_RECORD_INDICATOR
	具有追溯功能的行指示符	DRILLDOWN_RECORD_INDICATOR
	弹性域字段 DF 的专用属性	TEXT_ITEM_DESC_FLEX
	复选框	CHECKBOX
	下拉列表	LIST
	单选按钮组/单选按钮	RADIO_GROUP/RADIO_BUTTON
	树形 Item 专用	TREE
	按钮专用	BUTTON
	Folder 专用	DYNAMIC_TITLE、DYNAMIC_PROMPT、FOLDER_PROMPT_MULTIROW、FOLDER_DUMMY、FOLDER_ORDERBY、FOLDER_OPEN、SWITCHER
Canvases	普通画布	CANVAS
	堆叠画布	CANVAS_STACKED

对象类型	说　　明	子类属性
Canvases	固定堆叠画布	CANVAS_STACKED_FIXED_FIELD
	标签画布/标签页	TAB_CANVAS/TAB_PAGE
	区域框	FRAME_RECT
LOVS	值列表	LOV
Windows	窗口	WINDOW
	对话窗口（模式）	WINDOW_DIALOG
	带菜单的对话窗口（模式）	WINDOW_DIALOG_WITH_MENU

14.4.4　触发器编程规范

1. Trigger 的级别

- Form 级别。

- Block 级别。

- Item 级别。

当某一事件发生时，Form 按 Item、Block、Form 由低级到高级搜索相应的触发器并执行。

如果同一触发器在多个级别同时存在的话，则根据触发器属性"执行层次"的定义进行处理。

执行层次值如下。

- Before：指在高级触发器之前执行本级触发器。

- After：指在高级触发器之后执行本级触发器。

- Overwrite：指只执行本级触发器，而忽略高级触发器。

建议：对 Form 中存在的 Trigger 在 Block/Item 级别要设置时，需将触发器的执行层次属性设置为 "Before"。例如：

- WHEN-NEW-FORM-INSTANCE。

- WHEN-NEW-RECORD-INSTANCE。

- WHEN-NEW-ITEM-INSTANCE。

- WHEN-NEW-BLOCK-INSTANCE。

2．Trigger 的编程

Trigger 中的代码只负责调用功能处理的过程，实现代码放在程序单元中统一管理。

为 Form 建立一个 Package；Form 中的 Trigger 对应一个 Prcedure。

每个 Block 对应一个 Package；Block 中的每个 Item 对应一个 Procedure，Item 级别的不同 Trigger 通过参数区分；Block 级别的 Trigger 对应一个 Procedure。

【范例】

假设 FORM 中具有以下对象。

- Form Module 名称：CUXEMPDPT。

- Block 名称：EMP。

- Item 名称：

```
EMP
    EMPNO
    EMPNAME
    DEPTNO
```

则根据对象建立两个对应的程序单元：cuxempdpt、emp。

程序单元结构如下：

---

cuxempdpt 声明

```
PACKAGE cuxempdpt IS

------------------------

-- event.handle (form.module.level)

------------------------

PROCEDURE WHEN_NEW_FORM_INSTANCE;

PROCEDURE PRE_FORM;

END cuxempdpt;
```

---

cuxempdpt 程序体

```
PACKAGE BODY cuxempdpt IS

------------------------

-- event.handle (form.module.level)

------------------------

PROCEDURE WHEN_NEW_FORM_INSTANCE

IS

BEGIN

   ...

END WHEN_NEW_FORM_INSTANCE;


PROCEDURE PRE_FORM

IS

BEGIN

   ...

END PRE_FORM;


END cuxempdpt;
```

---

emp 声明

```
PACKAGE emp IS

------------------------

-- event.handle (item.level)
```

```
------------------------
PROCEDURE EMPNO(event VARCHAR2);
PROCEDURE EMPNAME(event VARCHAR2);
PROCEDURE DEPTNO(event VARCHAR2);


------------------------
-- event.handle (block.level)
------------------------
PROCEDURE PRE_QUERY;
PROCEDURE POST_QUERY;
END emp;
```

emp 程序体

```
PACKAGE BODY emp IS
  ------------------------
  -- event.handle (item.level)
  ------------------------
  PROCEDURE EMPNO(event VARCHAR2)
  IS
  BEGIN
    IF (event = 'WHEN-VALIDATE-ITEM') THEN
      -- 项目验证逻辑
    ELSIF (event = 'INIT') THEN
      -- 项目初始化逻辑
    ELSE
      fnd_message.debug('Invalid event passed to empno: ' ||EVENT);
    END IF;
  END EMPNO;


  PROCEDURE EMPNAME(event VARCHAR2)
  IS
  BEGIN
    IF (event = 'WHEN-VALIDATE-ITEM') THEN
      -- 项目验证逻辑
    ELSIF (event = 'INIT') THEN
      -- 项目初始化逻辑
```

```
      ELSE
        fnd_message.debug('Invalid event passed to empnanme: ' ||EVENT);
      END IF;
  END EMPNAME;


  PROCEDURE DEPTNO(event VARCHAR2)
  IS
  BEGIN
    IF (event = 'WHEN-VALIDATE-ITEM') THEN
      -- 项目验证逻辑
    ELSIF (event = 'INIT') THEN
      -- 项目初始化逻辑
    ELSE
      fnd_message.debug('Invalid event passed to deptno: ' ||EVENT);
    END IF;
  END DEPTNO;


  ------------------------
  -- event.handle (block.level)
  ------------------------
  PROCEDURE PRE_QUERY
  IS
  BEGIN
    -- 组合查询条件
    ...
  END PRE_QUERY;


  PROCEDURE POST_QUERY
  IS
  BEGIN
    -- 查询/计算非数据库字段
    ...
  END POST_QUERY;


END emp;
```

14.4.5　WHO 字段的维护

Who 字段容纳了记录的更改历史信息，包括：记录创建人、创建日期、更改人、更改日期等信息。

EBS 中使用"帮助"菜单下的有关此记录可以查看到记录的更改历史信息。

为了在客户化 Form 中实现有关此记录的功能，必须在记录所在块包括以下 5 个 WHO 字段：CREATED_BY、CREATION_DATE、LAST_UPDATED_BY、LAST_UPDATE_DATE、LAST_UPDATE_LOGIN。

1．WHO 字段设置

必须设置 CREATION_DATE、LAST_UPDATE_DATE 的子类属性为 CREATION_OR_LAST_UPDATE。

2．WHO 字段更新

WHO 字段的写入：在 Block 的 PRE-INSERT 调用 fnd_standard.set_who。

WHO 字段的更新：在 Block 的 PRE-UPDATE 调用 fnd_standard.set_who。

14.4.6　基于视图块的数据更新

如果 Block 基于不可更新视图（多表视图），则用户必须自己写记录的插入、锁定、更新、删除操作。对应的触发器如下。

- ON-INSERT：插入记录，对应程序单元 blockname.insert_row。

- ON-LOCK：锁定记录，对应程序单元 blockname.lock_row。

- ON-UPDATE：更新记录，对应程序单元 blockname.update_row。

- ON-DELETE：删除记录，对应程序单元 blockname.delete_row。

【范例】

假设 Form 中具有以下对象。

- Block 名称：EMP，基于视图 cux_employees_v，基表为 cux_employees。
- Item 名称：

```
EMP
    EMPNO
    EMPNAME
    DEPTNO
```

---

cuxempdpt 声明

```
PACKAGE emp_dml IS
-------------------------
-- table.handle
-------------------------
  PROCEDURE INSERT_ROW;
  PROCEDURE LOCK_ROW;
  PROCEDURE UPDATE_ROW;
  PROCEDURE DELETE_ROW;
END emp_dml;
```

cuxempdpt 程序体

```
PACKAGE BODY emp_dml IS
-------------------------
--插入处理
-------------------------
PROCEDURE INSERT_ROW
IS
  CURSOR cur_rowid
  IS
  SELECT rowid
  FROM   cux_employees
  WHERE  empno = :emp.empno;
```

```
BEGIN
  INSERT INTO cux_employees(
    empno,
    ename,
    deptno)
  VALUES(
    :emp.empno,
    :emp.ename,
    :emp.deptno);

  OPEN cur_rowid;
  FETCH cur_rowid INTO :emp.row_Id;
  IF (cur_rowid %NOTFOUND) THEN
    CLOSE cur_rowid;
    RAISE NO_DATA_FOUND;
  END IF;
  CLOSE cur_rowid;  END INSERT_ROW;


------------------------
--锁定处理
------------------------
PROCEDURE LOCK_ROW
IS
  Counter NUMBER;

  CURSOR C
  IS
  SELECT empno,
         empname,
         deptno
    FROM cux_employees
   WHERE rowid = :emp.row_id
     FOR UPDATE NOWAIT;
  Recinfo C%ROWTYPE;
```

```
    BEGIN
      Counter := 0;
      LOOP
        BEGIN
          Counter := Counter + 1;
          OPEN C;
          FETCH C INTO Recinfo;
          IF (C%NOTFOUND) THEN
            CLOSE C;
            FND_MESSAGE.Set_Name('FND', 'FORM_RECORD_DELETED');
            FND_MESSAGE.Error;
            Raise FORM_TRIGGER_FAILURE;
          END IF;
          CLOSE C;
          IF (
                  (Recinfo.empno = :emp.empno)
            AND ( (Recinfo.empname = :emp.empname)
                OR ( (Recinfo.empname IS NULL)
                    AND (:emp.empname IS NULL)))
            AND ( (Recinfo.deptno = :emp.deptno)
                OR ( (Recinfo.deptno IS NULL)
                    AND (:emp.deptno IS NULL)))
            ) THEN
            return;
          ELSE
            FND_MESSAGE.Set_Name('FND', 'FORM_RECORD_CHANGED');
            FND_MESSAGE.Error;
            Raise FORM_TRIGGER_FAILURE;
          END IF;
        EXCEPTION
          When APP_EXCEPTIONS.RECORD_LOCK_EXCEPTION then
            APP_EXCEPTION.Record_Lock_Error(Counter);
        END;
      end LOOP;
    END LOCK_ROW;
```

```
------------------------
--更新处理
------------------------
PROCEDURE UPDATE_ROW
IS
BEGIN
  UPDATE cux_employees
    SET empno = :emp.empno,
        ename = :emp.ename,
        deptno = :emp.deptno
   WHERE rowid = :emp.row_id;

  IF (SQL%NOTFOUND) THEN
    RAISE NO_DATA_FOUND;
  END IF;
END UPDATE_ROW;


------------------------
--删除处理
------------------------
PROCEDURE DELETE_ROW
IS
BEGIN
  DELETE FROM cux_employees
  WHERE rowid = :emp.row_id;

  IF (SQL%NOTFOUND) THEN
    RAISE NO_DATA_FOUND;
  END IF;
END DELETE_ROW;

END emp_dml;
```

14.4.7　动态控制 Item 属性

控制 Item 属性使用 APP_ITEM_PROPERTY.SET_PROPERTY。

控制从属关系的 Item：

（1）当 MASTER-ITEM 值改变时，此 Item 被清空。

（2）当 MASTER-ITEM 为 NULL 或条件为 FALSE 时，此 Item 为 DISABLE。

具体的实现使用 APP_FIELD.SET_DEPENDENT_FIELD。

控制排它关系的 Item：

（1）当 Item 均为空时，均可导航进入。

（2）当某一 Item 不为空时，其他 Item 不可导航进入，且其值被置空。

具体的实现使用 APP_FIELD.SET_EXCLUSIVE_FIELD，该函数仅支持 3 个 Item。

控制包含关系的 Item：

（1）当一组 Item 中的一个为非空时，则所有 Item 均为必需项。

（2）当所有 Item 的值均为空时，则所有 Item 均为可选项。

具体的实现使用 APP_FIELD.SET_INCLUSIVE_FIELD，该函数仅支持 5 个 Item。

根据条件设置 Item 的 REQUIRED 属性：

（1）当条件满足（TRUE）时，Item 为必需项。

（2）当条件不满足（FALSE）时，Item 为可选项。

具体的实现使用 APP_FIELD.SET_REQUIRED_FIELD。

清除 Item：

（1）使用 APP_FIELD.CLEAR_FIELDS，可以同时最大清除 10 个项目。

（2）使用 APP_FIELD.CLEAR_DEPENDENT_FIELDS，可以最大同时清除 10 个从属项目。

14.4.8　消息的输出

为方便实现多语言表单，所有的信息必须使用消息字典。

严禁在表单中执行使用 fnd_message.debug、fnd_message.set_string 来输出。

消息的输出应遵守以下规范：

定义 Message，对于基本语言必须定义，定义好后并运行请求，产生运行时使用的 Message 文件，并将 Message 文件同步到各个应用服务器。

显示 Message：

设置 Message 内容，使用 fnd_message.set_name、fnd_message.set_token。

Message 内容为信息，显示使用 fnd_message.show。

Message 内容为错误，显示使用 fnd_message.error。

Message 内容为警告，显示使用 fnd_message.warn。

Message 内容为指示，显示使用 fnd_message.hint，显示在状态条上。

显示 Message 内容并提示用户选择，使用 fnd_message.question。

14.4.9　日历的使用

设置 Item 的 Subclass Information 为 TEXT_ITEM_DATE。

设置 Item 的 List of Values 为 ENABLE_LIST_LAMP。

设置 Item 的 Validate from List 为 No。

在 Item 级别增加触发器：KEY-LISTVAL，加入如下代码：

```
calendar.show;
```

如果需要设置某些日期不可选择，则使用 calendar.setup。

14.4.10   菜单和工具条的使用

1．菜单与工具条同步

初始情况下，菜单和工具条的状态是同步的，在程序中动态改变菜单的属性时，工具条不能同步改变状态，需要编写代码完成同步。使用 APP_STANDARD. SYNCHRONIZE 实现。

当触发以下 Trigger 以后，同步将自动完成，无须人工完成：

- WHEN–NEW–RECORD–INSTANCE。

- WHEN–NEW–BLOCK–INSTANCE。

- WHEN–NEW–ITEM–INSTANCE。

2．Special 菜单（最多可以添加 45 个）的使用

在 PRE-FORM 中调用 app_special.instantiate 注册菜单项。

在 PRE-BLOCK 或 PRE-RECORD 中调用 app_special.enable 控制菜单项的状态。

在 Form 级编写形如 SPECIALx 的 Trigger。

3．EBS 默认的菜单和工具条

特殊情况下，需要控制系统中的一些标准菜单/工具条属性，参考如下表所示。

EBS 菜单名	菜单内部名	工具条按钮名
文件（F）	FNDMENU.FILE	
新建（N）	FILE.NEW	INSERT_RECORD
打开（O）	FILE.OPEN	
保存（S）	FILE.SAVE	SAVE
保存并继续（A）	FILE.ACCEPT	ACCEPT

EBS 菜单名	菜单内部名	工具条按钮名
下一步（T）	FILE.SAVE_AND_ADVANCE	
导出（E）	FILE.EXPORT	
在浏览器中创建图标（G）	FILE.PLACE_ON_NAVIGATOR	
以其他用户身份登录（L）	FILE.CHANGE_LOG_ON	
切换责任（W）	FILE.SWITCH_RESPONSIBILITY	
打印（P）	FILE.PRINT	PRINT
关闭表单（C）	FILE.CLOSE_FORM	
退出 Oracle Applications（X）	FILE.EXIT_ORACLE_APPLICATIONS	
编辑（E）	FNDMENU.EDIT	
撤销键入（U）	EDIT.UNDO_TYPING	
剪切（T）	EDIT.CUT	
复制（C）	EDIT.COPY	
粘贴（P）	EDIT.PASTE	
复制自（L）	EDIT.DUPLICATE	
以上记录（R）	DUPLICATE.RECORD_ABOVE	
以上字段（F）	DUPLICATE.FIELD_ABOVE	
清除（R）	EDIT.CLEAR	
记录（R）	CLEAR.RECORD	CLEAR_RECORD
字段（F）	CLEAR.FIELD	
块（B）	CLEAR.BLOCK	
表单（M）	CLEAR.FORM	CLEAR_FORM

EBS 菜单名	菜单内部名	工具条按钮名
删除（D）	EDIT.DELETE	DELETE_RECORD
全选（S）	EDIT.SELECT_ALL	
撤销全选（A）	EDIT.DESELECT_ALL	
编辑字段（E）	EDIT.EDIT_FIELD	EDIT
首选项（F）	EDIT.PREFERENCES	
更改口令（C）	PREFERENCES.CHANGE_PASSWORD	
预置文件（P）	PREFERENCES.PROFILES	
查看(V)	FNDMENU.VIEW	
显示浏览器（N）	VIEW.SHOW_NAVIGATOR	NAVIGATE
缩放（Z）	VIEW.ZOOM	ZOOM
查找（F）	VIEW.FIND	QUERY_FIND
查找全部（I）	VIEW.FIND_ALL	
查询标准（Q）	VIEW.QUERY	
输入（E）	QUERY.ENTER	
运行（R）	QUERY.RUN	
取消（C）	QUERY.CANCEL	
显示上次标准（S）	QUERY.SHOW_LAST_CRITERIA	
匹配记录计数（M）	QUERY.COUNT_MATCHING_RECORDS	
记录（D）	VIEW.RECORD	
第一个（F）	RECORD.FIRST	
最后一条（L）	RECORD.LAST	

续表

EBS 菜单名	菜单内部名	工具条按钮名
转换（T）...	VIEW.TRANSLATIONS	TRANSLATIONS
附件（A）...	VIEW.ATTACHMENTS	ATTACHMENTS
汇总/ 详细资料（S）	VIEW.SUMMARY_DETAIL	SUMMARY_ DETAIL
请求（R）	VIEW.REQUESTS	
文件夹（L）	FNDMENU.FOLDER	
新建（N）	FOLDER.NEW	
打开（O）	FOLDER.OPEN	
保存（S）	FOLDER.SAVE	
另存为...（A）	FOLDER.SAVE_AS	
删除（D）	FOLDER.DELETE	
显示字段（F）	FOLDER.SHOW_FIELD	
隐藏字段（H）	FOLDER.HIDE_FIELD	
右移（R）	FOLDER.SWAP_RIGHT	
左移（L）	FOLDER.SWAP_LEFT	
上移（U）	FOLDER.MOVE_UP	
下移（M）	FOLDER.MOVE_DOWN	
加宽字段（W）	FOLDER.INCREASE_WIDTH	
缩短字段（K）	FOLDER.DECREASE_WIDTH	
更改提示（C）	FOLDER.CHANGE_PROMPT	
自动调整全部大小（Z）	FOLDER.AUTOSIZE	
数据排序	FOLDER.SHOW_ORDERING	

续表

EBS 菜单名	菜单内部名	工具条按钮名
查看查询（V）	FOLDER.VIEW_QUERY	
重置查询（Q）	FOLDER.RESET_QUERY	
文件夹工具（T）	FOLDER.FOLDER_TOOLS	FOLDER_TOOLS
工具（T）	FNDMENU.SPECIAL	
Window（W）	FNDMENU.WINDOWS	
帮助（H）	FNDMENU.HELP	
窗口帮助（W）	HELP.WINDOW_HELP	HELP
Oracle Applications 程序库（L）	HELP. ORACLE_APPLICATIONS_LIBRARY	
键盘帮助（K）	HELP.KEYBOARD_HELP	
诊断（D）	HELP.DIAGNOSTICS	
显示数据库错误（D）	DIAGNOSTICS.DISPLAY_ERROR	
检查（E）	DIAGNOSTICS.EXAMINE	
记录	DIAGNOSTICS.LOGGING	
首选项	LOGGING_MENU.PREFERENCES	
查看	LOGGING_MENU.VIEW	
测试 Web 代理程序（W）	DIAGNOSTICS.WEB_AGENT	
跟踪（T）	DIAGNOSTICS.TRACE	
不跟踪（N）	TRACE_MENU.NO_TRACE	
定期跟踪（R）	TRACE_MENU.REGULAR	
跟踪约束值（B）	TRACE_MENU.BINDS	
跟踪等待事件（W）	TRACE_MENU.WAITS	

续表

EBS 菜单名	菜单内部名	工具条按钮名
跟踪约束值和等待事件（T）	TRACE_MENU.BINDS_AND_WAITS	
调试（B）	DIAGNOSTICS.DEBUG	
属性（P）	DIAGNOSTICS.PROPERTIES	
项目	PROPERTIES_MENU.ITEM	
文件夹	PROPERTIES_MENU.FOLDER	
自定义代码（C）	DIAGNOSTICS.CUSTOM_CODE	
正常（N）	CUSTOM_CODE_MENU.NORMAL	
关闭（O）	CUSTOM_CODE_MENU.OFF	
仅限于核心代码（C）	CUSTOM_CODE_MENU.CORE	
显示自定义事件（E）	CUSTOM_CODE_MENU. SHOW_EVENTS	
历史记录（R）	HELP.RECORD_HISTORY	
关于 Oracle Applications（O）	HELP.ABOUT_ORACLE_APPLICATIONS	

14.4.11　Window 的打开

位置设定使用 APP_WINDOW.SET_WINDOW_POSITION 进行操作，参数说明如下表所示。

参　　数	说　　明	
子窗口	要打开的窗口	
位置关系	CASCADE	在错开右下 0.3"位置
	RIGHT	往右错开

参　　数	说　　明	
位置关系	BELOW	往下错开
	OVERLAP	在错开下面 0.3" 位置
	CENTER	位于中央
	FIRST_WINDOW	紧贴 Toolbar 的下面
父窗口	Form 主窗口或者前一个窗口	

Form 启动时打开的第一个 Window 在 PRE-FORM 中修改已存在的代码实现。其他 Window 使用 APP_CUSTOM.OPEN_WINDOW 打开。

14.4.12　Window 的关闭

关闭 Window 使用 APP_CUSTOM.CLOSE_WINDOW 实现。

14.4.13　Window 的标题设定

设定 Window 的 Title 属性，使用 APP_CUSTOM.SET_TITLE 实现。

14.4.14　异常处理

在 Form 中使用 Raise FORM_TRIGGER_FAILURE。

在 Database Package 中使用 APP_EXCEPTION.RAISE_EXCEPTION。

14.4.15 Form 中的变量

Form 中用到的变量，总结如下表所示。

变量定义位置	作用域，由低到高	访问方法	引用方式
各层触发器中的变量	该触发器	Form PL/SQL	变量名
Program Units 中的变量	该 Form 的 Session	Form PL/SQL	包名.变量名
DB 存储过程中的变量	该 Form 的 Session	Form PL/SQL+DB PL/SQL	包名.变量名
Block 中的 Item	该 Form 的 Session	Form PL/SQL+界面录入、修改	:块名.变量名
Parameters 中的 Item	该 Form 的 Session	Form PL/SQL+EBS 定义 Function 传初值	:parameter.变量名
SYSTEM 变量	该 Form 的 Session	Form PL/SQL，只读，不能定义和修改值	:SYSTEM.变量名
GLOBAL 变量	整个应用	Form PL/SQL，不用明确定义	:GLOBAL.变量名

14.4.16 Item 的初始值属性

当前日期：$$dbdate$$。

当前时间：$$dbdatetime$$。

下一序列：:sequence.<sequence_name>.nextval。

引用参数：:parameter.<parameter_name>。

引用字段：:<block_name>.<item_name>。

14.4.17 库存组织访问

从 INVSTAND.fmb 的对象组中拖动 INV_PARAMS 到用户创建 Form 的对象组中，并用 Subclass，这样会生成 4 个参数。

在 Pre-Form 中编写 Fnd_Org.Choose_Org。

14.4.18 树形 Form 开发

使用 Oracle 标准库函数 Ftree 就可实现复杂树形 Form 开发,开发步骤如下。

(1)创建一个数据块,命名为 TREE。

(2)查看所创建 Tree 组件。

(3)创建一个记录组,命名为 TREERG。

(4)修订 Tree ITEM 属性。

(5)创建 Trigger:WHEN-NEW-FORM-INSTANCE。

(6)创建 Trigger 的选中触发器 WHEN-TREE-NODE-SELECTED。

(7)创建其他的 Trigger 类型。

开发运行实例如下图所示。

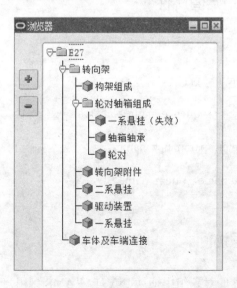

14.4.19　其他注意事项

1．程序单元编写的注意事项

- 引用项目时，必须以<Block Name>.<Item Name>的形式，不可省略 Block Name。

- 同一对象需要使用多次的情况，尽可能使用 ObjectID。

- 尽量不要使用全局变量。

- 尽量不要使用 Library 进行开发，对界面相关的控制在 Form 的程序单元中实现，和界面无关的程序、公共处理程序使用数据库的存储过程实现。

- 使用 AOL 标准内置程序库。

下表所列的内置函数不能使用，要使用 AOL 标准内置程序库。

函 数 名	AOL 标准函数
SYSDATE	FND_STANDARD.SYSTEM_DATE
USER	FND_STANDARD.USER
CALL_FORM OPEN_FORM	FND_FUNCTION.EXECUTE
EXIT_FORM	DO_KEY('EXIT_FORM')
CLEAR_FORM	DO_KEY('CLEAR_FORM')
COMMIT	DO_KEY('COMMIT_FORM')
SET_ITEM_PROPERTY	APP_ITEM_PROPERTY.SET_IPROPERTY
GET_ITEM_PROPERTY	APP_ITEM_PROPERTY.GET_IPROPERTY
SET_WINDOW_PROPERTY	APP_WINDOW.SET_WINDOW_POSITION APP_WINDOW.SET_TITLE
MESSAGE	FND_MESSAGE

续表

函 数 名	AOL 标准函数
EDIT_FIELD	DO_KEY('EDIT_FIELD')
EDIT_TEXTITEM	
VALIDATE	APP_STANDARD.APP_VALIDATE

2. TEMPLATE.fmb 使用注意事项

• 确保所有的表单都在 TEMPLATE.fmb 基础上进行开发。

• 不要更改模板中继承下来的子类属性。

• 模板中提供作为示例的对象，如果不需要，可以删除，这些对象包括：

BLOCK：BLOCKNAME、DETAILBLOCK。

CANVAS：BLOCKNAME。

WINDOWS：BLOCKNAME。

• 不要更改除 CUSTOM 程序库之外的程序库。

• 不要删除模板中 FORM 级的触发器。

• 对模板中提供的标准触发器，下表中有"×"标记的，请不要更改。

触 发 器	更 改	备 注
KEY–CLRFRM	○	在已经存在的代码后面，可以追加客户化代码
KEY–COMMIT	×	
KEY–DUPREC		可以追加 BLOCK 级的触发器（执行层次为".overwrite"）
KEY–EDIT	×	
KEY–EXIT	×	
KEY–HELP	×	

续表

触 发 器	更　改	备　　注
KEY–LISTVAL		可以追加 BLOCK 级和项目级的触发器（执行层次为"overwriter"）
KEY–MENU		可以追加 BLOCK 级的触发器（执行层次为"overwriter"）
ON–ERROR	○	查出特定错误的情况下，用 IF 语句来判断处理例外
POST–FORM	○	在已存有的代码前面，可以追加客户化代码
PRE–FORM	○	可以更改这两个函数的参数：FND_STANDARD.FORM_ INFO 的 parameter 和 APP_WINDOW.SET_WINDOW_ POSITION 的窗口名称
WHEN–FORM–NAVIGATE	×	
WHEN–NEW–BLOCK–INSTANCE		可以追加 BLOCK 级上的触发器（执行层次为"前"）
WHEN–NEW–FORM–INSTANCE	○	在已存有的代码前面，可以追加客户化代码
WHEN–NEW–ITEM–INSTANCE		可以追加 BLOCK 级和项目级的触发器（执行层次为"前"）
WHEN–NEW–RECORD–INSTANCE		可以追加 BLOCK 级的触发器（执行层次为"前"）
WHEN–WINDOW–CLOSED	×	
WHEN–WINDOW–RESIZED		

- 对模板中提供的用户自定义触发器，下表中有"×"标记的，请不要更改。

触 发 器	更　改	备　　注
ACCEPT	○	可以在 BLOCK 级上追加触发器（执行层次为"overwrite"）
CLOSE_THIS_WINDOW	×	
CLOSE_WINDOW	×	
EXPORT	×	
FOLDER_ACTION	×	

续表

触 发 器	更 改	备 注
FOLDER_RETURN_ACTION	×	
LASTRECORD	×	
MENU_TO_APPCORE	×	
QUERY_FIND	○	可以在 BLOCK 级上追加触发器（执行层次为 "overwrite"）
STANDARD_ATTACHMENTS	×	
ZOOM	×	

APPENDIX

附　录

附录 A

Form 中常用的触发器如下表所示。

触发器分类	触 发 器		
键触发器	Key-Fn		
	Key-Others		
On 触发器	On-Check-Delete-Master	On-Check-Unique	On-Clear-Details
	On-Close	On-Column-Security	On-Commit
	On-Count	On-Delete	On-Fetch
	On-Error	On-Insert	On-Lock
	On-Logon	On-Logout	On-Message
	On-Populate-Details	On-Rollback	On-Savepoint
	On-Select	On-Sequence-Number	On-Update
Post 触发器	Post-Block	Post-Change	Post-Database-Commit
	Post-Delete	Post-Form	Post-Forms-Commit
	Post-Insert	Post-Logon	Post-Logout
	Post-Query	Post-Record	Post-Select
	Post-Text-Item	Post-Update	
Pre 触发器	Pre-Block	Pre-Commit	Pre-Delete
	Pre-Form	Pre-Insert	Pre-Logon
	Pre-Logout	Pre-Query	Pre-Record
	Pre-Select	Pre-Text-Item	Pre-Update

触发器分类	触 发 器		
	When-Button-Pressed	When-Checkbox-Changed	When-Clear-Block
	When-Create-Record	When-Custom-Item-Event	When-Database-Record
	When-Form-Navigate	When-Image-Activated	When-Image-Pressed
	When-List-Activated	When-List-Changed	When-Mouse-Click
	When-Mouse-DoubleClick	When-Mouse-Down	When-Mouse-Enter
When 触发器	When-Mouse-Leave	When-Mouse-Move	When-Mouse-Up
	When-New-Block-Instance	When-New-Form-Instance	When-New-Item-Instance
	When-Remove-Record	When-New-Record-Instance	When-Radio-Changed
	When-Tab-Page-Changed	When-Timer-Expired	When-Validate-Item
	When-Validate-Record	When-Window-Activated	When-Window-Closed
	When-Window-Deactivated	When-Window-Resized	

附录 B

Form 中常用的系统变量如下表所示。

常用系统变量		
SYSTEM.EFFECTIVE_DATE	SYSTEM.DATE_THRESHOLD	$$DBDATE$$
SYSTEM.CURSOR_VALUE	SYSTEM.CUSTOM_ITEM_EVENT	$$TIME$$
SYSTEM.BLOCK_STATUS	SYSTEM.LAST_RECORD	$$DATE$$
SYSTEM.CURRENT_FORM	SYSTEM.CURRENT_BLOCK	$$DBDATETIME$$
SYSTEM.CURRENT_ITEM	SYSTEM.CURRENT_DATETIME	$$DBTIME$$
SYSTEM.CURRENT_VALUE	SYSTEM.CURSOR_BLOCK	$$DATETIME$$
SYSTEM.CURSOR_ITEM	SYSTEM.CURSOR_RECORD	SYSTEM.MODE
SYSTEM.EVENT_WINDOW	SYSTEM.MASTER_BLOCK	SYSTEM.LAST_QUERY
SYSTEM.FORM_STATUS	SYSTEM.MESSAGE_LEVEL	SYSTEM.MOUSE_RECORD
SYSTEM.LAST_FORM	SYSTEM.MOUSE_BUTTON_PRESSED	SYSTEM.MOUSE_ITEM
SYSTEM.MOUSE_CANVAS	SYSTEM.MOUSE_BUTTON_SHIFT_STATE	SYSTEM.MOUSE_FORM
SYSTEM.MOUSE_X_POS	SYSTEM.MOUSE_RECORD_OFFSET	SYSTEM.MOUSE_Y_POS
SYSTEM.RECORD_STATUS	SYSTEM.SUPPRESS_WORKING	SYSTEM.TAB_NEW_PAGE
SYSTEM.TRIGGER_BLOCK	SYSTEM.TAB_PREVIOUS_PAGE	SYSTEM.TRIGGER_ITEM
SYSTEM.TRIGGER_RECORD		

附录 C

Form 中常用的内置子程序如下表所示。

分　类	内置子程序		
公共内置 子程序	GENERATE_SEQUENCE_NUMBER	ID_NULL	RUN_PRODUCT
	VALIDATE		
应用内置 子程序	SET_APPLICATION_PROPERTY	HOST	USER_EXIT
	PAUSE	DO_KEY	
表格内置 子程序	BELL	BREAK	CALL_FORM
	CALL_INPUT	CLEAR_FORM	CLOSE_FORM
	COMMIT_FORM	DEBUG_MODE	ENTER
	ERASE	EXIT_FORM	FORM_FAILURE
	EXECUTE_TRIGGER	FIND_FORM	FORM_FATAL
	FORM_SUCCESS	GO_FORM	NEW_FORM
	GET_FORM_PROPERTY	HELP	NEXT_FORM
	OPEN_FORM	POST	REPLACE_MENU
	PREVIOUS_FORM	REDISPLAY	SHOW_KEYS
	SET_FORM_PROPERTY	SHOW_MENU	SYNCHRONIZE
块内置子 程序	BLOCK_MENU	CLEAR_BLOCK	FIND_BLOCK
	GET_BLOCK_PROPERTY	GO_BLOCK	NEXT_BLOCK
	SET_BLOCK_PROPERTY	PREVIOUS_BLOCK	

分　类	内置子程序		
记录内置 子程序	CHECK_RECORD_UNIQUENESS	CLEAR_RECORD	DELETE_RECORD
	CREATE_QUERIED_RECORD	CREATE_RECORD	DOWN
	DUPLICATE_RECORD	FIRST_RECORD	INSERT_RECORD
	GET_RECORD_PROPERTY	GO_RECORD	LAST_RECORD
	LOCK_RECORD	NEXT_RECORD	NEXT_SET
	PREVIOUS_RECORD	SCROLL_DOWN	SCROLL_UP
	SET_RECORD_PROPERTY	SELECT_RECORDS	UP
	UPDATE_RECORD		
项内置 子程序	CHECKBOX_CHECKED	CLEAR_EOL	CLEAR_ITEM
	CONVERT_OTHER_VALUE	COPY	COPY_REGION
	CUT_REGION	DEFAULT_VALUE	DISPLAY_ITEM
	DUMMY_REFERENCE	DUPLICATE_ITEM	EDIT_TEXTITEM
	FIND_ITEM	GET_FILE_NAME	NEXT_ITEM
	GET_ITEM_INSTANCE_PROPERTY	IMAGE_ZOOM	NEXT_KEY
	GET_RADIO_BUTTON_PROPERTY	GO_ITEM	PASTE_REGION
	GET_ITEM_PROPERTY	NAME_IN	PLAY_SOUND
	PREVIOUS_ITEM	READ_IMAGE_FILE	RECALCULATE
	SET_ITEM_INSTANCE_PROPERTY	READ_SOUND_FILE	SELECT_ALL
	SET_RADIO_BUTTON_PROPERTY	SET_ITEM_PROPERTY	WRITE_IMAGE_FILE
	WRITE_SOUND_FILE	HIDE_WINDOW	

分 类	内置子程序		
窗口内置 子程序	FIND_WINDOW	MOVE_WINDOW	RESIZE_WINDOW
	GET_WINDOW_PROPERTY	SET_WINDOW_PROPERTY	SHOW_WINDOW
	REPLACE_CONTENT_VIEW		
画布内置 子程序	FIND_CANVAS	FIND_VIEW	HIDE_VIEW
	GET_CANVAS_PROPERTY	GET_VIEW_PROPERTY	PRINT
	SET_CANVAS_PROPERTY	SET_VIEW_PROPERTY	SCROLL_VIEW
	SHOW_VIEW		
标签页内 置子程序	GET_TAB_PAGE_PROPERTY	SET_TAB_PAGE_PROPERTY	FIND_TAB_PAGE
事务处理 内置 子程序	ENFORCE_COLUMN_SECURITY	FETCH_RECORDS	FORMS_DDL
	ISSUE_ROLLBACK	ISSUE_SAVEPOINT	LOGON
	LOGON_SCREEN	LOGOUT	
查询内置 子程序	ABORT_QUERY	COUNT_QUERY	ENTER_QUERY
	EXECUTE_QUERY		
关系内置 子程序	GET_RELATION_PROPERTY	SET_RELATION_PROPERTY	FIND_RELATION
记录组内 置子程序	ADD_GROUP_COLUMN	ADD_GROUP_ROW	DELETE_GROUP
	CREATE_GROUP_FROM_QUERY	CREATE_GROUP	FIND_COLUMN
	GET_GROUP_SELECTION_COUNT	DELETE_GROUP_ROW	FIND_GROUP
	POPULATE_GROUP_WITH_QUERY	GET_GROUP_CHAR_CELL	GET_GROUP_DATE_CELL
	GET_GROUP_ROW_COUNT	GET_GROUP_NUMBER_CELL	SET_GROUP_CHAR_CELL
	GET_GROUP_SELECTION	POPULATE_GROUP	SET_GROUP_DATE_CELL

续表

分　类	内置子程序		
记录组内置子程序	SET_GROUP_NUMBER_CELL	RESET_GROUP_SELECTION	SET_GROUP_SELECTION
	UNSET_GROUP_SELECTION		
列表项内置子程序	GET_LIST_ELEMENT_COUNT	ADD_LIST_ELEMENT	CLEAR_LIST
	GET_LIST_ELEMENT_VALUE	POPULATE_LIST	RETRIEVE_LIST
	DELETE_LIST_ELEMENT	GET_LIST_ELEMENT_LABEL	
参数列表内置子程序	CREATE_PARAMETER_LIST	ADD_PARAMETER	GET_PARAMETER_LIST
	DESTROY_PARAMETER_LIST	DELETE_PARAMETER	SET_PARAMETER_ATTR
	GET_PARAMETER_ATTR		
菜单内置子程序	APPLICATION_PARAMETER	BACKGROUND_MENU	HIDE_MENU
	GET_MENU_ITEM_PROPERTY	FIND_MENU_ITEM	ITEM_ENABLED
	MENU_CLEAR_FIELD	MENU_NEXT_FIELD	SHOW_MENU
	MENU_PARAMETER	MENU_REDISPLAY	TERMINATE
	MENU_PREVIOUS_FIELD	MENU_SHOW_KEYS	WHERE_DISPLAY
	NEXT_MENU_ITEM	PREVIOUS_MENU	SET_INPUT_FOCUS
	PREVIOUS_MENU_ITEM	SHOW_BACKGROUND_MENU	QUERY_PARAMETER
	SET_MENU_ITEM_PROPERTY		
警告内置子程序	SET_ALERT_BUTTON_PROPERTY	SHOW_ALERT	FIND_ALERT
	SET_ALERT_PROPERTY		
消息内置子程序	DBMS_ERROR_CODE	CLEAR_MESSAGE	ERROR_TEXT
	DBMS_ERROR_TEXT	ERROR_CODE	ERROR_TYPE
	MESSAGE_CODE	DISPLAY_ERROR	MESSAGE
	MESSAGE_TEXT	GET_MESSAGE	MESSAGE_TYPE

附录 D

Form 中触发器的执行顺序如下表所示。

动　作	顺　序
打开 Form	（1）PRE-FORM
	（2）PRE-BLOCK（BLOCK 级）
	（3）WHEN-NEW-FORM-INSTANCE
	（4）WHEN-NEW-BLOCK-INSTANCE
	（5）WHEN-NEW-RECORD-INSTANCE
	（6）WHEN-NEW-ITEM-INSTANCE
填写一行记录完成后，光标移动到下一条记录	（1）WHEN-VALIDATE-RECORD（只将填写的记录与数据库中已存在的记录作唯一性验证，如果只是页面上的数据重复而数据库中没有与其重复的值则不会报错）
	（2）WHEN-NEW-RECORD-INSTANCE
	（3）WHEN-NEW-ITEM-INSTANCE
保存	（1）WHEN-VALIDATE-RECORD（将页面上的所有数据提交到数据库，若页面上有重复的数据，则提交第一次时成功但只是将数据先写到数据库中类似临时表的地方，在提交第二条重复记录的时候报错，执行事务回滚，原来执行成功的指令也将被撤销）
	（2）PRE-INSERT
	（3）ON-INSERT
	（4）POST-INSERT
	（5）POST-FORMS-COMMIT

续表

动　作	顺　序
保存	（6）PRE-BLOCK（BLOCK 级）
	（7）KEY-COMMIT
	（8）WHEN-NEW-ITEM-INSTANCE
光标移动到当前数据块中已经显示的行上	（1）WHEN-REMOVE-RECORD
	（2）WHEN-NEW-RECORD-INSTANCE
	（3）WHEN-NEW-ITEM-INSTANCE
在行上的不同 ITEM 间移动	（1）WHEN-NEW-ITEM-INSTANCE
要进行修改时（在记录中的某个项上进行了修改时）	ON-LOCK
修改完成后进行保存	（1）WHEN-VALIDATE-RECORD
	（2）PRE-UPDATE
	（3）ON-UPDATE
	（4）POST-FORMS-COMMIT
	（5）PRE-BLOCK（BLOCK 级）
	（6）KEY-COMMIT
	（7）WHEN-NEW-ITEM-INSTANCE
删除一条记录	（1）ON-LOCK
	（2）WHEN-REMOVE-RECORD
	（3）KEY-DELREC
	（4）WHEN-NEW-RECORD-INSTANCE
	（5）WHEN-NEW-ITEM-INSTANCE

续表

动　作	顺　序
F11 查询过程	（1）WHEN-CLEAR-BLOCK
	（2）WHEN-NEW-RECORD-INSTANCE
	（3）WHEN-NEW-ITEM-INSTANCE
输入查询条件后按【Ctrl+F11】快捷键	（1）PRE-QUERY
	（2）WHEN-CLEAR-BLOCK
	（3）POST-QUERY
	（4）WHEN-NEW-RECORD-INSTANCE
	（5）WHEN-NEW-ITEM-INSTANCE
按 Crrl+F11 快捷键	（1）WHEN-CLEAR-BLOCK
	（2）PRE-QUERY
	（3）WHEN-CLEAR-BLOCK
	（4）POST-QUERY（每查一条记录触发一次）
	（5）WHEN-NEW-RECORD-INSTANCE
	（6）WHEN-NEW-ITEM-INSTANCE
从查询状态（F11）转为输入状态（F4）	（1）WHEN-CLEAR-BLOCK
	（2）KEY-EXIT
	（3）WHEN-NEW-RECORD-INSTANCE
	（4）WHEN-NEW-ITEM-INSTANCE
手电筒查询过程	QUERY_FIND（BLOCK 级）
输入查询条件后，单击"查询"按钮	（1）WHEN-CLEAR-BLOCK
	（2）PRE-QUERY
	（3）WHEN-CLEAR-BLOCK

续表

动　作	顺　序
输入查询条件后，单击"查询"按钮	（4）POST-QUERY
	（5）WHEN-NEW-RECORD-INSTANCE
	（6）WHEN-NEW-ITEM-INSTANCE
单击"New"按钮时	（1）WHEN-NEW-RECORD-INSTANCE
	（2）WHEN-NEW-ITEM-INSTANCE
单击"Edit Field"按钮时	（1）KEY-EDIT
单击"Window Help"按钮时	（1）KEY-HELP
单击"Clear Record"按钮时	（1）WHEN-REMOVE-RECORD
	（2）POST-QUERY
	（3）WHEN-NEW-RECORD-INSTANCE
	（4）WHEN-NEW-ITEM-INSTANCE
按【F4】键关闭	（1）KEY-EXIT
	（2）POST-FORM
单击"Close Form"按钮关闭	（1）KEY-EXIT
	（2）POST-FORM
单击"Translations"按钮	（1）TRANSLA TIONS
单击小叉号按钮关闭	（1）WHEN-WINDOW-CLOSED
	（2）CLOSE-WINDOW
	（3）KEY-EXIT
	（4）POST-FORM
选中 LOV 列表	（1）KEY-LISTVAL
	（2）WHEN-NEW-ITEM-INSTANCE

续表

动 作	顺 序
选中记录前面的小条时	（1）WHEN-NEW-RECORD-INSTANCE
	（2）WHEN-NEW-ITEM-INSTANCE（Item 级）
	（3）WHEN-NEW-ITEM-INSTANCE
光标上下移动时	（1）WHEN-NEW-RECORD-INSTANCE
	（2）WHEN-NEW-ITEM-INSTANCE
Form 切换到当前窗体时	（1）WHEN-FORM-NAVIGATE
	（2）WHEN-NEW-ITEM-INSTANCE

附录 E

常用库如下表所示。

APPCORE.pll	IGI_CIS.pll	OPM.pll
APPCORE2.pll	IGI_DOS.pll	PQH_GEN.pll
APPDAYPK.pll	IGI_EXP.pll	PSA.pll
CUSTOM.pll	IGI_IAC.pll	PSAC.pll
FNDSQF.pll	IGI_MHC.pll	PSB.pll
FV.pll	IGI_SIA.pll	VERT.pll
GHR.pll	IGI_STP.pll	VERT1.pll
GLOBE.pll	IGILUTIL.pll	VERT2.pll
GMS.pll	IGILUTIL2.pll	VERT3.pll
HRKPI.pll	JA.pll	VERT4.pll
IGI_CBC.pll	JE.pll	VERT5.pll
IGI_CC.pll	JL.pll	